美国
科学问答

美国中学生
课外读物　**美国家庭**
　　　　　必备参考书

★ ★ ★ ★ ★ ★ ★ ★ ★ ★ ★

1000个太空知识

人们是如何破解宇宙的

THE HANDY ASTRONOMY ANSWER BOOK

从太空知识到空间计划
从当代天文学到勘查太阳系
人们是如何寻找宇宙中生命的

[美] 查理斯·刘 /著

宋 涛 /译

上海科学技术文献出版社
Shanghai Scientific and Technological Literature Press

图书在版编目（CIP）数据

人们是如何破解宇宙的：1000个太空知识/（美）刘著；
宋涛译. —上海：上海科学技术文献出版社，2015.6
（美国科学问答丛书）
ISBN 978 - 7 - 5439 - 6643 - 7

Ⅰ.①人… Ⅱ.①刘…②宋… Ⅲ.①宇宙—普及读
物 Ⅳ.①P159—49

中国版本图书馆 CIP 数据核字（2015）第 088631 号

The Handy Astronomy Answer Book，2nd Edition
by Charles Liu，Ph. D.
Copyright © 2008 by Visible Ink Press®
Simplified Chinese translation copyright © 2015 by Shanghai Scientific &
Technological Literature Press
Published by arrangement with Visible Ink Press
through Bardon-Chinese Media Agency

All Rights Reserved
版权所有·翻印必究

图字：09－2015－371

总 策 划：梅雪林
责任编辑：张 树
封面设计：周 婧

丛书名：美国科学问答
书 名：人们是如何破解宇宙的
[美]查理斯·刘 著 宋 涛 译
出版发行：上海科学技术文献出版社
地 址：上海市长乐路746号
邮政编码：200040
经 销：全国新华书店
印 刷：常熟市人民印刷有限公司
开 本：720×1000 1/16
印 张：15.25
字 数：257 000
版 次：2016 年 1 月第 1 版 2020 年 4 月第 3 次印刷
书 号：ISBN 978 - 7 - 5439 - 6643 - 7
定 价：35.00 元
http://www.sstlp.com

前 言

为什么恒星会发光？如果你掉入了黑洞，会遇到什么情况？月球是由什么构成的？冥王星到底是不是行星？地球以外存在生命吗？地球的年龄是多少？人类可以生活在外层空间吗？什么是类星体？宇宙的起源是怎样的？宇宙的最终命运又会如何？谈到宇宙时，每个人看起来都有1 000个问题要问。

本书不仅向读者介绍了一些科学现象和科学数据，而且向读者讲解了天文学领域的其他知识。本书通过问答的形式介绍了宇宙和宇宙中的天体。同时，本书还介绍了人类在历史上是如何探索并破解宇宙奥秘的。

自从人类进入文明社会以来，一直试图了解宇宙中的各种天体。我们不仅想了解这些天体的构成及运行方式，而且想了解这其中的科学道理。起初，这一切对于人类都是谜团，所以古人干脆编出一些神话传说和故事来解释这些谜团。在这一过程中，人们往往会赋予恒星和行星各种超自然的特征。后来，人们渐渐地意识到，宇宙和其中的天体都是自然界的一部分；世界上的每个人都有机会了解它们。就这样，天文学诞生了。

什么是科学？在某些人看来，科学是厚厚的图书中所罗列出的一系列事实，它们需要人们反复地理解记忆。而实际上科学是一个提出问题和寻找答案的过程。在这个过程中，人们不仅要评估事实的科学性，而且要进行科学的猜想。同时，人们还要通过预测、实验和科学观测来验证这些科学猜想。在科学研究中，人类总是不断地提出问题并找到问题的答案，这本书的写作初衷与人类的上述特征是完全一致的。通过阅读本书，读者不仅可以了解到问题以及提出问题的人，而且可以了解到这些人是如何努力找到问题的答案的。此外，读者还可以了解到这些人在寻找答案的过程中有哪些新的发现。人类之所以能够对宇宙有相当多的了解，要感谢那些在前沿天文研究领域中孜孜不倦进行探索的人，他们在工作中不断地提出新问题，他们的努力为天文学的发展奠定了基础。

随着太空探索活动的进行,人类目前已经利用地基望远镜和天基望远镜观测到了可观测的宇宙的边缘区域。同时,他们还利用机器人航天器探索遥远的星球。此外,人类已经完成了太空行走。然而,随着人类太空体验的丰富,我们越来越意识到还有太多的太空谜团等待我们去破解。本书所包含的问题可以发挥抛砖引玉的作用。衷心地祝愿读者可以像我们的前辈一样提出更多的问题。同时,祝愿大家在寻找问题答案的过程中,能够体会到成功带来的快乐。

〔美〕查理斯·刘

目录
CONTENTS

目录

Contents

一 太 空

宇　宙

▶ 什么是宇宙大爆炸？

　　宇宙大爆炸是被天文学家普遍接受的对宇宙起源的解释。认为宇宙始于150亿—200亿年前的一次大规模爆炸。两项观测结果构成了这一宇宙学的基础。首先，正如埃德温·鲍威尔·哈勃（Edwin Powell Hubble, 1889—1953）验证的那样，宇宙在不断膨胀，天体的后退速度与观察者的距离成正比，即距离越远，退行的速度就越大。其次，地球沐浴在辐射光中，辐射具有远古炽热太阳余迹的特点。这种辐射的发现者是贝尔电话实验室的阿诺·A. 彭齐亚斯（Arno A.Penzias, 1933—　　）和罗伯特·W. 威尔逊（Robert W. Wilson, 1936—　　）。最后，大爆炸产生的物质大团块地聚在一起，形成星系。星系内较小团块形成恒星。至少一个团块的各部分形成一群行星——我们的太阳系。

▶ 什么是大收缩理论？

　　根据大收缩理论，在未来非常遥远的某一时间，所有物质将改变方向，缩回到物质起始的那个点。其他两个预测宇宙未来的理论为大乏味理论和稳态理论。大乏味理论，叫这个名是因为这个理论说起来没有什么让人兴奋之处。这个理论声称，

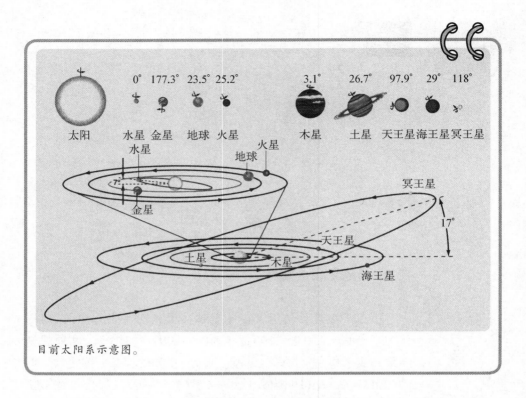

| 太阳 | 水星 | 金星 | 地球 | 火星 | 木星 | 土星 | 天王星 | 海王星 | 冥王星 |

目前太阳系示意图。

一切物质将继续离开所有其他物质，宇宙将永远膨胀下去。根据稳态理论，宇宙的膨胀将减慢到几乎停止。那时，宇宙将达到稳定状态，并基本上保持不变。

▶ 宇宙的年龄是多少？

哈勃太空望远镜最近收集的数据表明，宇宙的年龄可能只有80亿年。这与以前认为宇宙年龄为130亿—200亿年的说法相矛盾。早期的数字来自这样的概念，即宇宙自从大爆炸诞生以来，一直以同样的速度在膨胀。膨胀速度是一个称为哈勃常数的比值，是通过星系退离地球的速度除以星系离地球的距离计算出来的。把哈勃常数倒过来计算，即星系的距离除以退行速度，就计算出了宇宙的年龄。对星系退行的速度和星系离地球的距离的两项估算可能是不确定的。况且，并不是所有科学家都接受宇宙始终在以同样的速度膨胀这一观点。因此，许多科学家仍然认为，宇宙的年龄还只是有待讨论的问题。

▶ 太阳系有多大?

太阳系的大小,可以通过将太阳(直径86.4万英里/1.38万千米)缩小成直径1英寸的球(2.5厘米大约一只乒乓球大小)来想象。用同样的比例,地球将是直径0.01英寸(0.25毫米)一个小斑点,离乒乓球大小的太阳约有9英尺(2.7米)远。月球的直径仅有0.002 5英寸(0.06毫米,一根头发丝的厚度),离地球的距离只是1/4英寸(6.3毫米)多一点。太阳系中最大的行星——木星,看起来像一颗小豌豆粒大小[直径0.1英寸(2.5毫米)],离太阳46英尺(14米)远。冥王星——太阳系中最小的行星,像一个几乎看不见的小点儿[直径0.000 83英寸(0.02毫米)],离太阳距离355英尺(108米)远。

▶ 谁是斯蒂芬·霍金?

英国物理学家、数学家霍金(William Hawking, 1942—2018)被人们认为是20世纪末期最伟大的理论物理学家。尽管因肌萎缩侧索硬化症(ALS)而严重残疾,他却通过研究时空的性质及其异常现象,在黑洞和宇宙起源及演化科学知识方面做出了重大贡献。例如,霍金提出,黑洞会发出热辐射。他预言,黑洞在所有质量转变成辐射(称为"霍金辐射")时,就会消失。霍金目前的目标是,将量子力学和相对论结合成量子重力理论。他的科普作品也颇引人注目,特别是《时间简史》是通俗畅销书。

▶ 什么是类星体?

类星体作为"准星体"辐射源收缩体而得此名。类星体看起来像恒星,但它们的光谱中有巨大的红移,由此表明它们在以巨大的速度退离地球,有的红移速度高达光速的90%。这些类星体的特性尚不可知,但许多人认为它们是最遥远的可见天体——遥远星系的核。类星体,也叫做似星体或QSO,最早由天文学家于1963年在加利福尼亚州的帕洛玛(Palomar)天文台确认。

被认为是20世纪末期最伟大的理论物理学家的斯蒂芬·霍金。

▶ 什么是朔望？

朔望是3个天体在一条直线上时所发生的天文现象，如日食或月食期间，太阳、地球和月亮的分布情况。从地球上看，行星与太阳分列于地球两侧，行星的距角（即地球和行星的连线与地球和太阳的连线的交角）为180时的特殊朔望，叫做冲。

▶ 什么星系离我们最近？

仙女座星系是离我们地球所在的银河系最近的星系。据估计，它离地球有220万光年。仙女座星系比银河系大，是漩涡星系，也是在地球天空中看到的最亮的星系。

恒　星

▶ 什么是超新星？

超新星是指导致大质量恒星毁灭的罕见而壮观的爆炸。超新星爆发时的光度超过整个星系，然后逐渐减弱变暗。超新星确实是相当不易见到的。在我们银河系里观测到的最后一颗超新星是在1604年。在1987年2月，超新星1987A出现在银河系附近的一个星系——大麦哲伦星系中。

▶ 星云分哪4种类型？

星云的4种类型为发射星云、反射星云、暗星云和行星壮星云。星云是恒星的主要诞生地，是太空中的气体和尘埃组成的云雾状天体。发射星云和反射星云是亮星云。发射星云是能自己发光的彩色的云。反射星云是由尘埃和气体组成的冷星云，由近旁亮星的光照亮，而不是靠自身能量发光。暗星云，也叫做吸收星云,附近没有高亮度或高温恒星,因而不发光,看起来像天空的洞。猎户座中的马头星云就是一个暗星云的例子。行星状星云由恒星爆发后的残骸组成。

 什么是星尘,我们真的是由星尘构成的吗?

构成地球的重金属,如铁、硅、氧和碳,最初是由遥远的恒星爆发产生的。恒星爆发时,向太空发射重元素。实际上,地球及地球上的所有生命都是再造星体残骸。

▶ 为什么星星会闪烁?

星星实际上会发恒定的光,对地球上观看星星的人来说,它们好像在闪烁,这主要是由于大气层气流干扰的结果。分子颗粒和尘埃颗粒在地球上的大气覆盖层中飘浮着。当这样的飘浮颗粒在恒星和观察者之间经过时,光束就会出现短暂的终止。这些短暂的终止不断地出现,就出现了星星闪烁的现象。

▶ 什么叫双子星?

双子星是围绕共同质心旋转的两颗星体。在所有恒星中,大约有一半属于双子星系或多星系。多星系由两颗以上的恒星组成。

天狼星是一颗亮星,距地球大约8.6光年远,是由两颗恒星构成的:其中一颗的质量大约是太阳质量的2.3倍,另一颗是白矮星,大约是木星质量的980倍。半人马座δ是除太阳以外距地球最近的恒星。它实际上是3颗星:半人马座δA和半人马座δB,两颗像太阳的恒星相互绕轨道运行,还有半人马座δC,一颗低质量的红星围绕它们的轨道运行。

▶ 什么是黑洞？

当一颗质量比太阳质量大4倍的恒星塌缩时，即使中子也不能阻止其引力。没有任何东西可以阻止其塌缩，因此恒星永远塌缩下去。塌缩后物质的密度非常大，任何东西甚至光都不能逃逸出去。美国物理学家约翰·惠勒（John Wheeler）在1967年给这种天文现象起名"黑洞"。因为没有光能从黑洞中逃逸出来，所以黑洞不能直接被观察到。然而，如果黑洞是在另一颗恒星附近，就会将那颗星的物质吸引到自己的体内，结果产生X射线。在天鹅座中，有一种很强的X射线源，叫做天鹅座X-1。它在一颗恒星附近，这两颗相互绕轨道运行。这个看不见的X射线源的万有引力至少是10个太阳的引力，因此被认为是一个黑洞。另一个黑洞是原本就存在的黑洞，它从大爆炸时就存在，那时气体和尘埃组成的区域具有巨大的压力。最近，天文学家观测到银河系中心附近区域的人马座A发出的短暂X射线脉冲。这个脉冲的起源及脉冲的行为使科学家们得出一个结论，即在我们的星系中心，很可能存在一个黑洞。

还有4种其他可能的黑洞：史瓦兹契德黑洞没有电荷，没有角动量；不旋转带电黑洞（Reissner-Nordstrom）有电荷，但没有角动量；克尔黑洞有角动量，但没有电荷；克尔纽曼黑洞有电荷和角动量。

▶ 什么是脉冲星？

脉冲星又称射电脉冲星，能发射极其规则的射电脉冲，是快速旋转的中子星，自旋速度在0.01～4秒之间。恒星通过将氢转化成氦而燃烧。当氢耗尽时，恒星内部开始收缩。在收缩过程中，恒星内部的能量被释放出来，恒星外层被推挤出去。这些外壳巨大而寒冷，恒星这时变成一颗红色巨星。质量超过太阳质量两倍的恒星继续膨胀，变成超巨型。这时它就会爆炸，称为超新星爆发。之后，恒星核的剩余物质向内塌缩，电子和质子变成中子。质量为太阳的1.4～4倍的恒星可以压缩成直径只有约12英里（20千米）的中子星。中子星自旋的速度非常快。位于蟹状星云中心部位的中子星，每秒旋转30周。

质量为太阳质量的1.4～4倍的恒星塌缩，形成脉冲星。一些中子从磁极向地球方向发射无线电信号。这些信号最先由剑桥大学乔丝琳·贝尔（Jocelyn Bell, 1943—　）于1967年发现。因为这些脉冲信号的周期性非常有规律，所以有些人推测，这是地外智慧生命向我们发来的外星人信号。但这一说法最终被排除了，因高速自转的中子星观点逐渐被接受，成为这些脉冲无线电波源的最好解释。

▶ 星体呈现的颜色说明什么？

恒星的颜色表明恒星的温度和年龄。恒星按照光谱类型分类。从最老到最年轻、从最热到最冷，恒星的分类见表1：

表1

类　　型	颜　　色	温度（℉）	温度（℃）
O	蓝色	45 000～75 000	25 000～40 000
B	蓝色	20 000～45 000	11 000～25 000
A	蓝白色	13 500～20 000	7 500～11 000
F	白色	10 800～13 500	6 000～7 500
G	黄色	9 000～10 800	5 000～6 000
K	橙色	6 300～9 000	3 500～5 000
M	红色	5 400～6 300	3 000～3 500

每种类型又可细分为0～9共10个次类型。太阳属于G2类型的恒星。

▶ 质量最大的恒星是什么？

恒星手枪星（Pistol）是目前已知的最明亮、同时也是质量最大的恒星。这颗年轻的恒星（年龄为100万—300万年）有2.5万光年远，位于人马座，有1 000万个太阳那么亮。在其年轻生命的某个时候，其质量可能是太阳的200倍。

▶ 最亮的恒星有哪些？

恒星的亮度叫做星等。视星等是肉眼看到的恒星的亮度。星等越低，星就越亮。在晴朗的夜空，肉眼可看到星等大约为＋6的星星，大型望远镜可观测到星等低到＋27的天体，非常明亮的天体有负星等（表2）。例如，太阳的星等为－26.8。

表2

恒　星	星　座	视　星　等
天狼星	大犬座	－1.47
老人星	船底座	－0.72
大角星	牧夫座	－0.06
南门二	半人马座	＋0.01
织女星	天琴座	＋0.04
五车二	御夫座	＋0.05
参宿七	猎户座	＋0.14
南河三	小犬座	＋0.37
参宿四	猎户座	＋0.41
水委一	波江座	＋0.51

▶ 什么是银河？

银河是跨夜空的一条肉眼能见到的云雾状光带。银河的光来自组成河系的恒星。太阳和地球就属于银河系。星系是由巨大空间而使其相互分开的恒星组成的巨大体系。天文学家估计，银河系的恒星至少有1 000亿颗，直径约10万光年。银河系呈扁平状，中间微凸，称为核球，还有4条悬臂。

▶ 什么是北斗星？

北斗星是大熊座中的7颗亮星组成的星群。这7颗星排列的形状看起来像一把带有长柄的斗（或勺子）。在英国，这个星群被称作the plough。北斗七星

大熊星座，又称作大熊，含有7颗组成北斗星的星群。

在北半球几乎总能看得到，它是指示方向和认识星座的重要标志。例如，距北斗星斗柄最远的两颗星的连线几乎直指北极星，故又称为"指极星"。

▶ 北极星在哪里？

如果从北极向太空画一条线，就会到达一颗星，称作北极星，距北天极不足1 。由于地球绕轴自转，北极星就像一个中心点，北半球所有可见的星好像都在围绕着北极星转动，而北极星本身却保持不变。

▶ 北极星总是指极星吗？

地球有数个北极星。地球旋转时，缓慢地绕轴摆动。这种运动称作岁差。地球的自转轴在太空中绕黄道轴旋转，画出一个圆锥面，周期为2.6万年。在法老时期，北极星是右枢星（Thuban）。现在指极星是北极星。到公元1.4万年左右,北极星将是织女星。

▶ 什么是夏日大三角?

夏日大三角是由天津四、织女星和河鼓二(俗称牵牛星或牛郎星)3颗星组成的三角形,在夏天的银河系中可以看到。

▶ 太空中有多少星座,它们是如何命名的?

星座是由形成某种特殊形状(如人形、动物形或物体形等)的恒星群构成。一群恒星看起来仅形成一种形状,从地球上看,这些恒星相互距离很近。实际上,一个星座里的恒星往往距离很远。现在被认可的星座共有88个。各星座之间的界限于20世纪20年代由国际天文学联合会划定。

世界所有地区的各种不同文化都有自己的星座。然而,因为现代科学主要是西方文化的产物,所以许多星座都以古代希腊或罗马神话中的人物或动物命名。在16—17世纪,欧洲人开始探索南半球时,他们以当时的技术奇迹,如显微镜,来描述某些新的星图。

星座的命名通常使用拉丁语表示。星座中的恒星通常按亮度次序,使用希腊字母命名。最亮的星是 α 星,第二亮的星叫 β 星,依此类推。星座名称的属有格形式也被使用。猎户座 α 星是猎户星座中最亮的星(表3)。

表3

星 座	属 有 格	简 写	意 思
仙女座	Andromedae	And	被缚的少女
唧筒座	Antliae	Ant	泵
天燕座	Apodis	Aps	天堂鸟
宝瓶座	Aquarii	Aqr	水容器
天鹰座	Aquilae	Aql	鹰
天坛座	Arae	Ara	祭坛
白羊座	Arietis	Ari	公羊
御夫座	Aurigae	Aur	驭者

星　座	属有格	简　写	意　思
牧夫座	Boötis	Boo	牧人
雕具座	Caeli	Cae	凿子
鹿豹座	Camelopardalis	Cam	长颈鹿
巨蟹座	Cancri	Cnc	蟹
猎犬座	Canum Venaticorum	CVn	猎狗
大犬座	Canis Majoris	CMa	大狗
小犬座	Canis Minoris	CMi	小狗
摩羯座	Capricorni	Cap	山羊
船底座	Carinae	Car	船的龙骨
仙后座	Cassiopeiae	Cas	埃塞俄比亚王后
半人马（射手）座	Centauri	Cen	半人马
仙王座	Cenhei	Cep	埃塞俄比亚国王
鲸鱼座	Ceti	Cet	鲸
蝘蜓座	Chamaeleonis	Cha	变色龙
圆规座	Circini	Cir	罗盘
天鸽座	Columbae	Col	鸽子
后发座	Comae Berenices	Com	伯伦尼斯的头发
南冕座	Coronae Australis	CrA	南方的王冠
北冕座	Coronae Borealis	CrB	北方的王冠
乌鸦座	Corvi	Crv	乌鸦
巨爵座	Crateris	Crt	杯子
南十字	Crucis	Cru	南方的十字形
天鹅座	Cygni	Cyg	天鹅
海豚座	Delphini	Del	海豚
剑鱼座	Doradus	Dor	金鱼
天龙座	Draconis	Dra	龙
小马座	Equuleus	Equ	小马
波江座	Eridani	Eri	厄里达诺斯河

星　座	属　有　格	简　写	意　思
天炉座	Fornacis	For	熔炉
双子座	Geminorum	Gem	双生子
天鹤座	Gruis	Gru	鹤
武仙座	Herculis	Her	海克里斯
时钟座	Horologii	Hor	时钟
长蛇座	Hydrae	Hya	蛇怪,希腊怪物
水蛇座	Hydri	Hyi	海蛇
印第安座	Indi	Ind	印第安人
蝎虎座	Lacertae	Lac	蜥蜴
狮子座	Leonis	Leo	狮子
小狮座	Leonis Minoris	LMi	小狮子
天兔座	Leporis	Lep	野兔
天秤座	Librae	Lip	天平
豺狼座	Lupi	Lup	狼
天猫座	Lyncis	Lyn	猞猁
天琴座	Lyrae	Lyr	里拉琴或竖琴
山案座	Mensae	Men	高原
显微镜座	Microscopii	Mic	显微镜
麒麟座	Monocerotis	Mon	独角兽
苍蝇座	Musca	Mus	苍蝇
矩尺座	Mormae	Nor	木匠的丁字尺
南极座	Octanis	Otc	八分仪
蛇夫座	Ophiuchus	Oph	蛇夫
猎户座	Orionis	Ori	猎户,狩猎人
孔雀座	Pavonis	Pav	孔雀
飞马座	Pegasi	Peg	有翅膀的马
英仙座	Persei	Per	柏修斯,希腊英雄
凤凰座	Phoenicis	Phe	长生鸟

星　座	属　有　格	简　写	意　思
绘架座	Pictoris	Pic	画家
双鱼座	Piscium	Psc	鱼
南鱼座	Piscis Austrini	PsA	南方的鱼
船尾座	Puppis	Pup	船尾
罗盘座	Pyxidis	Pyx	船上的指南针
网罟座	Reticuli	Ret	网
天箭座	Sagittae	Sge	箭
人马座	Sagittarii	Sgr	弓箭手
天蝎座	Scorpii	Sco	蝎子
玉夫座	Scorpiuor	Scl	做雕塑或雕刻的人
盾牌座	Scuti	Sct	盾
巨龟座	Serpentis	Ser	蛇
六分仪座	Sextantis	Sex	六分仪
金牛座	Tauri	Tau	公牛
望远镜座	Telescopii	Tel	望远镜
三角座	Trianguli	Tri	三角形
南三角座	Triangulum	Tra	南三角形
杜鹃座	Tucanae	Tuc	妥鸟
大熊座	Ursae Majoris	UMa	大熊
小熊座	Ursae Minoris	UMi	小熊
船帆座	Velornm	Vel	船帆
室女座	Virginis	Vri	处女
飞鱼座	Volantis	Vol	飞鱼
狐狸座	Vulpeculae	Vul	小狐狸

▶ 最大的星座是什么星座？

　　长蛇座是最大的星座，从双子座一直延伸到室女座的南边。它有一条可识别的长长的星带。"长蛇"这个星座名称源于古代神话中被海克力斯杀死的水蛇怪。

▶ 哪颗恒星距离地球最近?

太阳是距离地球最近的恒星,与地球的平均距离为92 955 900英里(149 598 000千米)。在太阳之后,距离地球最近的恒星是半人马座 α 星三星系统中的3颗恒星(半人马座 α A、半人马座 α B和半人马座 α C,有时称作半人马座比邻星)。它们距地球4.3光年远。

▶ 太阳有多热?

太阳中心温度约为2 700万℉(1 500万℃),太阳表面或称光球层的温度大约是1万℉(5 500℃)。光球内的磁异常现象导致一些区域比周围暗,且温度较低。这些太阳黑子的温度约为6 700℉(3 700℃)。太阳较低的大气层——色球层,厚度只有几千英里。在色球层底部,温度大约为7 800℉(4 300℃),但温度随着到日冕(太阳大气的最外层)高度的增加而上升,温度达到180万℉(100万℃)。

▶ 太阳是由什么构成的?

太阳是一个炽热的气体球,其质量为1.8×10^{27}吨或1.8个千的9次方,是地球质量的33万倍(表4)。

表4

元　　素	质量百分比	元　　素	质量百分比
氢	73.46	氮	0.09
氦	24.85	矽	0.07
氧	0.77	镁	0.05
碳	0.29	硫	0.04
铁	0.16	其他元素	0.10
氖	0.12		

▶ 太阳将会在什么时候消亡?

太阳的年龄大约为45亿年。从现在开始大约50亿年后,太阳中的所有氢燃料将燃烧形成氦。在这个过程中,太阳将由现在的黄色变成红色巨星,其直径将延长,超过金星轨道,甚至可能超过地球轨道。无论哪种情况发生,地球都将被烧成灰烬。

▶ 什么是黄道?

黄道指太阳在地球上的周年视运动轨迹,即太阳在天空中穿行视路径的大圈。在春天,北半球的黄道带高高地斜挂在夜晚的天空中。到了秋天,黄道接近地平线。

▶ 太阳的颜色为什么会发生变化?

阳光含有彩虹中的所有颜色,这些颜色混合后,形成白光,使阳光看起来是白光。有时候,这些色光波长的一部分,尤其是蓝光,分散在地球大气中,这时阳光看起来就有了颜色。当太阳高高地悬挂于天空中时,一些蓝色光线分散在地球大气中。这时,天空看起来是蓝色的,太阳显得发黄。在日出或日落时,阳光需穿过较长的距离透过地球大气层,这时的太阳看上去是红色的(红色的波长最长)。

▶ 光从太阳到地球需要多长时间?

阳光以每秒186 282英里(299 792千米)的速度,大概需要8分20秒到达地球。它随着地球在其轨道位置的不同而稍有变化。在1月,阳光需要大约495秒到达地球。在7月,需要约505秒。

▶ 太阳活动周期有多长?

太阳活动周期指太阳黑子数目的周期性变化。这个周期是太阳黑子数目两个最小值之间的间隔，周期长约为11.1年。在太阳活动周期过程中，耀斑、太阳黑子及其他活动，从剧烈到相对平静，再到剧烈。太阳活动周期是10项ATLAS太空任务进行研究的领域，旨在探究地球大气物理和化学。在太阳活动周期中的这些研究将对地球大气及其对太阳变化的反应有更详尽的了解。

▶ 什么是太阳黑子周期？

它是在11年周期内，太阳黑子的波动数目。太阳黑子数目上的变化似乎与太阳耀斑数目的增加或减少相一致。太阳黑子数目的增加意味着太阳耀斑数目的增加。

▶ 什么时候出现日食？

当月球运动到地球与太阳之间，且3个天体在同一直线时，就会发生日食。当月球完全遮盖住太阳在地球上的视线面和本影，或月球影子的黑暗部分投向

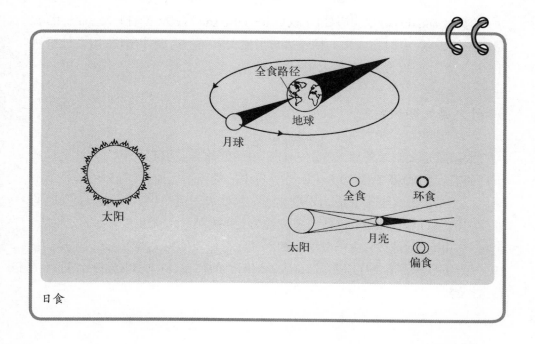

日食

地球时，就发生日全食。日全食只发生在距地面100～200英里（160～320千米）的狭窄带内，叫全食带。就在日全食发生前，太阳上的可见部分只是几个发光亮点，称为贝利珠，即在日全食时，由于太阳光线通过月亮山谷而瞬间形成日面边缘断续的亮点环。有时可以看到阳光的最后一次耀眼的闪烁，即钻石环效应。日全食时间平均为2.5分钟，最多能持续7.5分钟。在日全食期间，天空一片黑暗，恒星和其他行星很容易看到。太阳大气的最外层——日冕，也能看见，好似一轮粉红色光环。

如果月球在天空中看起来不是很大，不能完全遮掩住太阳，太阳上好像衬托出月球的轮廓，有一圈明亮的太阳光环围绕着月球，这种情况称为环。因为太阳没有被完全遮住，所以看不到日冕。尽管天空可能会暗下来，但不会黑得能看见星星。

在日偏食期间，地面的某部分处在月亮半影内，那里的人会见到日面的一部分被月球遮掩。在日全食或日环食的路径两侧，也能看到日偏食。在日偏食期间，月球遮住一部分太阳，天空不会明显地变黑。

▶ 什么是幻日？

幻日（sun dogs）也叫假日（mock sun, false sun）或22幻日（22 parhelia），是明亮的亮点，有时在太阳的任一边与当地太阳同一高度处出现，因在地平线上，并与太阳成22角相离，像太阳一样。

▶ 什么是太阳风？

太阳风是太阳最外层大气——日冕中的气体膨胀引起的。因为日冕具有极高的温度[180万℉（100万℃）]，日冕中的气体不断加热，气体中的原子不断碰撞。原子失去电子并成为带电离子。这些离子流产生太阳风。太阳风的速度310英里/秒（500千米/秒），密度约为每平方英寸82个离子（每平方厘米5个离子），由于地球被强大的磁场（磁层）包围，使地球免受太阳风粒子的影响。1959年，苏联探测器"月球2号"确认了太阳风的存在，并对太阳的特性进行了首次探测。

▶ 观看日食最安全的方法是什么?

在索引卡片上打个孔,把它拿到另一张卡片前2～3英尺处。通过这个小孔,就能安全地观看日全食了。用带小孔的铝箔,把索引卡片放进一个盒子里,这样你就会看到更清晰的日全食像。你还可以买带铝制聚酯薄膜(密拉)镜片的特殊眼镜。在观看日食时,如果用其他的装置,如摄像滤光镜、曝过光的软片、灰色玻璃、摄像镜头、望远镜或双目望远镜等,就会损伤视网膜。

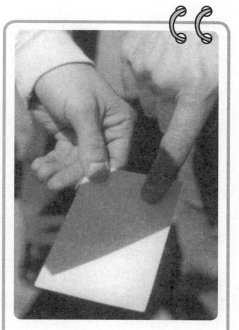

简单的针孔照相机可以用来安全地观看日全食影像

▶ 未来10次日食将在何时、何地发生?

2003年11月23日	南极洲
2005年4月8日	南太平洋
2006年3月29日	非洲、土耳其、俄罗斯
2008年8月1日	格陵兰岛、西伯利亚、中国
2009年7月22日	印度、中国、太平洋
2010年7月11日	南太平洋
2012年11月13日	澳大利亚、太平洋
2015年3月20日	北大西洋
2016年3月9日	印度、北太平洋
2017年8月21日	美国

2017年8月21日发生在美国的日全食将掠过从俄勒冈州的塞勒姆到南卡罗来纳州的查尔斯顿70英里(113千米)的区域。

行星和卫星

▶ **哪些行星是肉眼可以看到的?**

在一年的任何时间内,水星、金星、火星、木星和土星肉眼都是可以看得到的。

▶ **太阳系的年龄是多少?**

目前,人们认为太阳系的年龄是45亿年。地球和太阳系的其余部分都是由巨大的气体和尘埃云团形成的。重力和旋转力使云团扁化为星云盘,云团的大部分物质凝聚形成中心。这些材料变成太阳。云团的剩余部分形成小天体,称为微行星。这些微行星互相碰撞,渐渐地形成越来越大的物体,其中一些成为行星。人们认为这个过程用了大约2 500万年。

▶ **行星距离太阳有多远?**

行星以太阳为椭圆的焦点,以椭圆形轨道围绕太阳运转。因此,行星有时距太阳较近,有时较远。表5列出的距离是行星距太阳的平均距离。排列从距太阳最近的行星——水星开始,以从近到远的顺序依次排列。

表5

行　　星	平均距离（英里）	平均距离（千米）
水星	35 983 000	57 909 100
金星	67 237 700	108 208 600
地球	92 955 900	149 598 000
火星	141 634 800	227 939 200
木星	483 612 200	778 298 200

行　　星	平均距离（英里）	平均距离（千米）
土星	888 184 000	1 427 010 000
天王星	1 782 000 000	2 869 600 000
海王星	2 794 000 000	4 496 700 000
冥王星	3 666 000 000	5 913 490 000

▶ 哪些行星有环？

木星、土星、天王星、海王星都有光环。木星光环是1979年3月"航海家1号"发现的。光环从木星中心向外延伸80 240英里（129 130千米），环宽度约为4 300英里（7 000千米），厚度至少有20英里（32千米）。木星有一条较暗的内环，延伸到木星大气层的外缘。在太阳系中土星的光环最大、最壮观。1659年，荷兰天文学家克里斯蒂安·惠更斯（Christiaan Huygens，1629—1695）最先发现

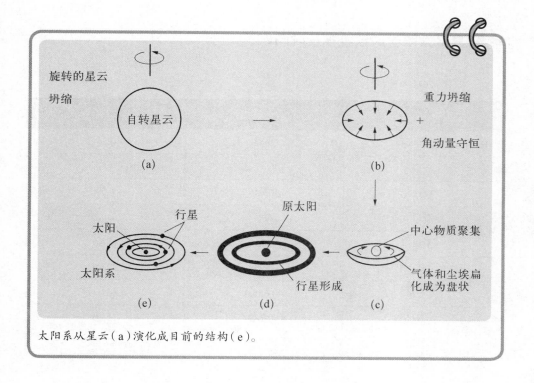

太阳系从星云（a）演化成目前的结构（e）。

的，土星被一环状系统所环绕。土星光环直径为16.98万英里（27.32万千米），但厚度不到10英里（16千米）。有6条不同的光环，由水冰块组成。水冰块从极小的颗粒到直径几十码的大小不等冰块。

1977年当天王星掩盖住一恒星（即在恒星前通过）时，科学家观测到在天王星遮蔽这颗恒星之前，恒星的光闪烁数次。在掩盖现象发生以后，同样的闪烁又以相反的次序出现。这一现象的原因被确认为是天王星环所致。最初证实天王星有9条环。"旅行者2号"在1986年又发现了另外两条星环。这两条行星环非常暗弱、狭小。

"旅行者2号"在1989年还发现了一系列至少4条海王星环。有些环看起来有弧状结构，那里物质密度高于环的其他部分。

▶ 土星环有多厚？

土星的大环实际上是由数千个小环组成。这些环的厚度差异很大，有时环的厚度不足100米。

▶ 行星绕太阳一周需要多长时间？

表6

行　　星	地球天数	地球年
水星	88	0.24
金星	224.7	0.62
地球	365.26	1.00
火星	687	1.88
木星	4 332.6	11.86
土星	10 759	29.46
天王星	30 685.4	84.01
海王星	60 189	164.8
冥王星	90 777.6	248.53

行星的直径是多少?

表7

行　星	英　里	千　米
水星	3 031	4 878
金星	7 520	12 104
地球	7 926	12 756
火星	4 221	6 794
木星	88 846	142 984
土星	74 898	120 536
天王星	31 763	51 118
海王星	31 329	50 530
冥王星	1 423	2 290

注: 所有直径都是从行星赤道测量所得。

行星是什么颜色的?

表8

行　星	颜　色
水星	橙色
金星	黄色
地球	蓝色、褐色、绿色
火星	红色
木星	黄色、红色、褐色、白色
土星	黄色
天王星	绿色
海王星	蓝色
冥王星	黄色

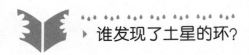

谁发现了土星的环?

1610年,伽利略可能是第一个发现土星环的人。因为伽利略使用的望远镜太小,他不可能看清这些环,他以为这些环是卫星。1656年,克里斯蒂安·惠更斯(Christiaan Huygens)用更大的望远镜又发现了一个土星环。后来,在1675年,让·多米尼克·卡西尼(Jean Domenique Cassini)辨认出环绕土星的两条环。再后来,有更多的星环被发现。截至1980年,小土星环被观测到。

▶ **以地球为参照,太阳、月球及每颗行星相对地球的引力分别是多大?**

如果把地球的引力定为1,那么相对的引力见表9:

表9

太阳	27.9	木星	2.64
水星	0.37	土星	1.15
金星	0.88	天王星	0.93
地球	1.00	海王星	1.22
月球	0.16	冥王星	0.06
火星	0.38		

利用这个表可以进行重量比较。如果地球上的某人体重100磅(45.36千克),那么这个人在月球上的重量就是16磅(7.26千克)或表示为100×0.16。

▶ **什么叫恒星时?**

以地球相对于遥远恒星(而不是太阳,太阳时是民用时间的基础)转动为依据所测量的时间。一个恒星日为23小时56分4秒，比太阳日少了近4分钟。

▶ 哪些行星是"内"行星,哪些是"外"行星?

太阳系行星的一种分类。以地球轨道为界,轨道在地球轨道以内的行星叫"内"行星,亦称"地轨内行星",位于太阳系内圈。地内行星有两颗,即距离地球最近的水星和次近距离的金星。轨道在地球轨道以外的行星叫"外"行星,亦称"地轨外行星",是地内行星的对称。地外行星位于太阳系外圈,有6颗,距离由近而远的顺序依次为火星、木星、土星、天王星、海王星和冥王星。行星的这些称法与每个行星的特性毫无关系。

▶ 所有行星上的一天都一样长吗?

不一样长。行星绕轴运行1周所需的时间为1天。这一天各行星均不相同。金星、天王星和冥王星为逆向运行。也就是说,它们的自转方向与其他行星方向相反。表10中列出了每个行星自转一天的长度。

表10

行　　星	地球天数	天 的 长 度	
		小　　时	分　　钟
水星	58	15	30
金星	243		32
地球		23	56
火星		24	37
木星		9	50
土星		10	39
天王星		17	14
海王星		16	3
冥王星	6	9	18

▶ 什么是类木行星和类地行星？

木星、土星、天王星和海王星的物理性质和天体特点与木星类似，称为类木行星。它们体积大而密度小，主要由轻元素，如氢和氦组成。水星、金星、地球和火星的物理性质和天体特点与地球类似，称为类地行星。它们体积小而密度大，有坚实的表面，由岩石和铁构成。冥王星似乎像一颗类地行星，但它的起源与其他行星不同。

▶ 金星的自转方式有什么独特之处？

与地球和大部分其他行星不同的是，金星自转的方向与其他行星绕太阳轨道运行方向相反。金星自转的速度非常慢，每个金星年只有两次日出和日落。天王星和冥王星的自转也都是相反方向的。

▶ 地球的自转速度真的是变化的吗？

地球的自转速度在7月末和8月初最大，在4月最小。一天内长短的差距为0.001 2秒。大约从1900年以来，地球自转以每年大约1.7秒的速度减慢。在地球的过去时期，地球的自转周期比现在快得多，一天的时间更短，一年有更多的天数。大约3.5亿年前，一年有400～410天。2.8亿年前，一年有390天。

▶ 在北半球，地球在冬天比在夏天离太阳更近，这是真的吗？

的确如此，不过，地球绕其质心转动的轴线——地轴，相对于绕太阳公转平面有23.5的倾斜角度。当地球距太阳最近时（近日点，大约在1月3日），北半球倾斜离开太阳。这使北半球处于冬天，而南半球则处于夏天。当地球离太阳最远时（远日点，在7月4日左右），情况则相反，北半球向太阳倾斜。这时北半球是夏天，南半球则是冬天。

▶ 地球的周长是多少？

地球是一个扁形椭圆体——两极稍扁，赤道略鼓。赤道部位的地球圆周长为

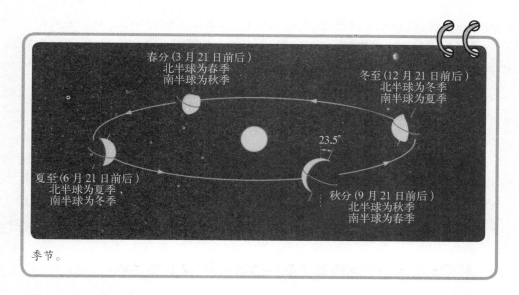

春分 (3月21日前后)
北半球为春季
南半球为秋季

冬至 (12月21日前后)
北半球为冬季
南半球为夏季

23.5°

夏至 (6月21日前后)
北半球为夏季，
南半球为冬季

秋分 (9月21日前后)
北半球为秋季
南半球为春季

季节。

24 902英里 (40 075千米),穿过两极的地球周长为24 860英里 (40 008千米)。

▶ 什么是岁差?

　　地轴在太空中绕黄道缓慢旋转,结果使春分点逐渐向后运动,其旋转周期为2.6万年。这种现象叫做分点岁差。太阳和月球的引力在地球赤道的凸出部

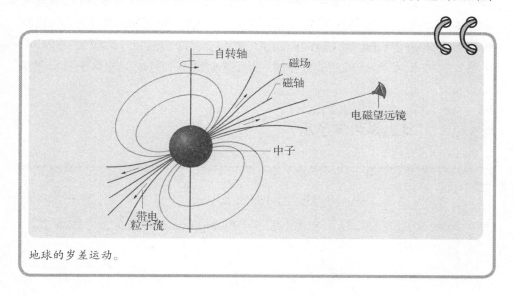

自转轴

磁场

磁轴

电磁望远镜

中子

带电
粒子流

地球的岁差运动。

分拖拉地球，使地球的自转轴旋转，南北极每2.6万年转完一圈。每年太阳在二分点时刻通过地球赤道时，其位置与前一年都稍有不同。这种运动持续向东运动，最后转成一个圆。

▶ 火星上有生命吗?

对于这个问题的回答似乎没有结果。火星上有冰水的痕迹。人们对海盗号太空船获取的火星样品结果提出了质疑。火星陨石上微化石般的印迹表明，火星上可能有早期的生命形式。要解答这一问题，还需要进行更复杂的探测。

▶ 冥王星并不总是太阳系中最外边的行星，这是真的吗?

冥王星非常偏离中心的轨道将它在1979年1月23日转进海王星轨道的里边，并一直在那里持续转到1999年3月15日。在那段时间里，海王星成了太阳系中最外边的行星。由于它们相距甚远，这两颗行星没有相撞的危险。

冥王星是1930年由美国天文学家克莱德·汤博（Clyde Tombaugh，1906— ）发现的，是太阳系中最小的一颗行星。它由岩石和水构成，表面有甲烷冰和一薄层甲烷气体的大气层。冥王星只有一颗卫星：冥卫一号，是詹姆斯·克里斯蒂（James Christy）于1978年发现的。冥卫一号的直径为741英里（1 192千米），是冥王星直径的一半，这使冥卫一号成为相对于其行星来

▶ 什么是天体音乐?

"天体音乐"是一种理论上的和声或音乐，人耳听不见，是行星和天体运动创作出来的。毕达哥拉斯（Pythagoras）和其他数学家声称这种音乐是存在的。

说非常大的一颗卫星。有些天文学家认为，冥王星和它的卫星属于一个双行星系。

▶ 什么是 X 行星？

自从发现天王星和海王星以来，天文学家们已经观察到，天王星和海王星轨道上发生摄动或称微扰。他们推测是天王星和海王星受到另一个天体的影响。1930年发现的冥王星好像没有大得足以引起这些摄动。于是人们提出，一定存在着另一个行星（称作行星 X），在冥王星轨道以外运行。然而迄今为止，还没有见到这第10颗行星，但对它的搜寻还在继续着。也很有可能正飞出太阳系的无人太空探测器"先锋10号"和"先锋11号"及"旅行者1号"和"旅行者2号"，将会找到这个令人难以捉摸的星体。

▶ 某一颗行星在冲日，这是什么意思？

太阳系中的一个星球，当其经度与太阳相差180时，它就在冲日。在冲日点上，行星在天空中恰好与太阳相对，并在子夜时穿过子午线。

▶ 观察者怎样才能区分行星与恒星？

通常行星发恒定的光，而恒星好像在闪烁。恒星闪烁是恒星与地球之间的距离和地球大气对恒星星光的折射效应相互作用的结果。而行星比恒星距地球相对较近，它们形状的相似性综合了闪烁效应，除非是在地平线附近观察行星。

▶ 月球距离地球有多远？

因为月球的运行轨道是椭圆的，它离地球的距离也不是一样的。近地点（距离地球最近的点）约为221 463英里（356 334千米），远地点（距离地球最远的点）为251 968英里（405 503千米），平均距离为238 857英里（384 392千米）。

每颗行星有多少颗卫星?

表11

行 星	卫星数	一些卫星的名称
水星	0	
金星	0	
地球	1	月球(也称作月亮)
火星	2	福波斯(火卫一),得莫斯(火卫二)
木星	39	墨提斯(木卫十六),阿德拉斯蒂尔(木卫十五),阿马尔塞(木卫五),亚特斯提尔(木卫十四),艾奥(木卫一),欧罗巴(木卫二),盖尼米德(木卫三),卡里斯托(木卫四),勒达(木卫十三),希玛利亚(木卫六),丽西提亚(木卫十),艾拉华(木卫七),阿南刻克(木卫十二),加尔尼(木卫十一),帕西法尔(木卫八),希诺佩(木卫九)
土星	30	埃庇米修斯(土卫十一),杰纳斯(土卫十),美马斯(土卫一),恩克拉朵斯(土卫二),特提斯(土卫三),泰莱斯托(土卫十三),卡吕普索(土卫十四),狄俄涅(土卫四),海伦(土卫十二),雷亚(土卫五),泰坦(土卫六),西玻璃瓮(土卫七),伊阿珀托斯(土卫八),菲比(土卫九)
天王星	20	科迪莉亚,奥菲莉亚,比安卡,克莱希德,苔丝狄蒙娜,朱丽叶,波提亚,罗萨琳德,贝琳达,帕克,米兰达(天卫五),艾瑞尔(天卫一),乌姆柏里厄尔(天卫二),泰塔妮亚(天卫三),奥伯龙(天卫四)
海王星	8	奈阿得,塔拉萨(海卫四),戴斯比那,加拉悌亚,拉里萨,普洛透斯,特里顿(海卫一),纳瑞德(海卫二)
冥王星	1	卡隆(冥卫一)

　　木星的卫星最多。随着科学家对木星的继续观测,他们希望还会发现甚至更多的木星卫星。木星最大的4颗卫星——木卫一到木卫四,是伽利略于1610年发现的。

月亮上有大气吗?

　　月亮上的确有大气,但却非常稀少,密度仅为每立方厘米约50个原子。

▶ 月亮的直径和周长是多少？

月亮的直径为 2 159 英里（3 475 千米），圆周长为 6 790 英里（10 864 千米）。月球是地球大小的27%。

▶ 什么是月相？

月相是月球在 1 个月内盈亏圆缺变化出现的各种形象，是由月球被照亮半球的不同部分朝向地球引起的。月球在地球和太阳之间时，以黑暗半球对着地球，因而看不见它，这时的月相称为"新月"。月球继续围绕地球转动，可见部分越来越大，这时的月相称为"上峨嵋月"。新月之后 1 周左右，可看到半个月面，叫"上弦月"。在接下来的一个星期里，可以看见月面的大部分，称为"凸月"。最后，在新月 2 周以后，月球和太阳在地球正相反的两边，月球面对太阳的一面此时也正是面对地球，可看见整个月球被照亮的一面，称为"满月"或"望月"。在以后的 2 周里，月球又经历同样的月相，但次序相反，从残月到下弦月，再到下峨嵋月。月球可见的明亮部分逐渐缩小，最后重新回到新月。

▶ 为什么月球总是保持同一面向着地球？

在地球上只能看见月球的一个面，这是因为月球的自转周期与绕地球转动的周期完全相等。这种运动的结合（称为"俘获转动"）意味着月球永远是以同一面对着地球。

▶ 什么叫月震？

月震与地震相似，它是熔化或部分熔化的物质在月球内部不断移动变化的结果。月震强度通常非常小，其他月震可能是陨石撞击月球表面造成的。还有些月震在月球旋转周期内定期发生，这表明地球引力对月球产生影响，类似于月球对海洋潮汐的影响。

每个月里满月的名字叫什么?

表12

月	美国民间名字	月	美国民间名字
1月	狼月	7月	雄鹿月
2月	雪月	8月	鲟鱼月
3月	树液月	9月	收获月
4月	粉红月	10月	狩猎月
5月	花月	11月	海狸月
6月	草莓月	12月	冷月

在蓝月期间月亮真的是蓝色的吗?

一个月中出现的第二次满月称为"蓝月",跟月亮的颜色没有关系。蓝月平均每2.72年出现一次。因为两次满月之间(会合周期)的时间为29.53天,所以2月永远不会出现蓝月。在极个别情况下,一年当中可以看到两次蓝月,但只能在世界上的某些地区看到。未来要出现的蓝月见表13:

表13 即将发生的蓝月

2004年7月31日	2018年3月31日
2007年6月30日	2020年10月31日
2009年12月31日	2023年8月31日
2012年8月31日	2026年3月31日
2015年7月31日	2028年12月31日
2018年1月31日	

看起来蓝色的月亮是地球大气影响的结果。例如,在1950年9月26日,由于加拿大发生森林大火,灰尘散发到极高的高空,北极很大范围内都能看到蓝月亮这一罕见现象。

▶ 狩猎月和收获月有什么区别?

收获月是最靠近秋分(9月22日或前后)的满月。收获月连续几个晚上在日落后很快升起。在南半球,收获月是在最靠近秋分(3月21日或前后)的月满时。这就使农民有更多的明亮时间收割庄稼。收获月之后的满月称作狩猎月。

▶ 为什么会出现月食?

月食只发生在满月时,此时月亮在地球的一边,而太阳在地球的后边,并且三者位于同一条直线上,地球遮掩月亮,使它得不到阳光的照射。在月全食时,整个月亮进入地球的自身阴影中,月亮好像从天空中消失了。一次月全食可能会持续长达1小时40分钟。如果只是月亮的一部分进入地球的自身影子中,就会发生月偏食。如果月亮被地球的本影全部或部分遮掩,就会出现半影食。从地球上很难观测到这种月食。从月球上可以看到,地球只遮掩了部分太阳。

▶ 天文学家发现的月球尾巴是什么?

发着光的1.5万英里(2.4万千米)长的钠原子长尾在月球后飘荡着。暗淡

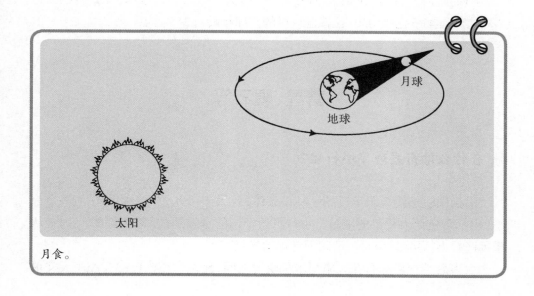

月食。

的、橙色钠原子光用肉眼是看不到的,但利用仪器是可以检测到的。对这些钠原子的来源,天文学家也不太清楚。

▶ 月球上最大的陨石坑是什么?

月球上最大的陨石坑叫做比利(Billy)陨石坑,其直径为184英里(296千米)。

▶ 月球上以著名的居里家族命名的环形山有哪些?

居里——以法国化学家、诺贝尔奖获得者皮埃尔·居里(Pierre Curie,1859—1906)的名字命名。

斯克洛多夫斯卡(Sklodowska)——法国物理学家、诺贝尔奖获得者玛丽亚·居里(Marie Curie,1867—1934)娘家的姓。

约里奥——以皮埃尔与玛丽亚的女婿,诺贝尔奖获得者、物理学家弗雷德里希·约里奥—居里(Frederic Joliot-Curie,1900—1958)的名字命名。

▶ 什么是靳尼西斯岩石?

靳尼西斯岩石是"阿波罗15号"太空船从月球上带到地球上的一块岩石。岩石大约有41.5亿年历史,比普遍认可的月球年龄只少5亿年。

彗星、陨石等

▶ 在什么地方发现了小行星?

沿椭圆轨道绕太阳运行的一种小天体,比太阳系九大行星中的任何一个都小,也不是任何大行星的卫星。小行星这个词的意思是"星般闪烁的",因为从望远镜看小行星,好像是一群闪闪烁烁的光点。

大多数小行星分布在火星与木星轨道之间,距离太阳2.1～3.3 Au(天文单位）。最大同时也是最早被发现的小行星——谷神星，1801年1月1日由意大利天文学家朱塞普·皮亚齐（Giuseppe Piazzi，1746—1826）发现，直径582英里（936千米）。第二个被发现的小行星叫智神星，是1802年被发现的。从那以后，天文学家已确认了1.8万多颗小行星，已知道大约5 000颗小行星的轨道。其中有些小行星的直径只有0.62英里（1千米）。起初，天文学家认为小行星是某颗被摧毁的行星的残骸。现在，他们认为小行星是一种从未成为行星的物质，这可能是因为行星受到木星强大引力的影响。

并非所有小行星都处于这个小行星主带内。有3族小行星位于太阳系内。属近地小行星阿登族小行星的轨道主要在地球轨道内侧。而在它们距离太阳最远处，它们可能会穿过地球轨道。阿波罗族小行星穿越地球轨道，有些行进到距离地球的距离比月球还要近。阿莫丁族小行星穿过火星轨道，有些接近地球轨道。特洛伊族群小行星的轨道运动几乎与木星相同，但运行在木星前方60 或后方60 的地方。1977年，美国天文学家查理斯·科瓦尔（Charles Kowal）发现一个在土星和天王星轨道之间运行的天体，现在称作喀戎。起初喀戎被列为小行星，可是后来又观察到，喀戎有一个彗星发（气体光晕），因此喀戎可以重新被归类为彗星。

▶ 什么是通古斯卡事件？

1908年6月30日，在中西伯利亚一个遥远的地方，石通古斯河（Podkamennaya Tunquska River）古荒野地区上空的低层大气中，发生了一次巨大爆炸。爆炸能量相当于1枚原子弹的爆炸力，摧毁了数千英里的森林。600英里（960千米）以外都能听到爆炸声。对于这一次爆炸事件的起因，现在已有好几种说法。

有些人认为是一块巨大的陨石或一个反物质降落到地球上。但是，由岩石和金属元素组成的陨石撞击地球表面时，会形成陨石坑，可是撞击现场却没有任何坑。那个地面也没有反物质和物质相撞产生的高辐射。其他两种说法是，微型黑洞撞击地球或外星太空船坠毁。然而，微型黑洞会穿过地球，而在地球的另一边却没有相应的爆炸痕迹和记录。至于太空船，也没有发现这种飞船的残骸。

一块彗星进入地球大气层，将会产生一个巨型的火球和极大的冲击波，这可能是这次大爆炸最可能的原因。因为彗星主要是由冰组成的，在进入地球大气过程中，彗星碎片会融化，因而不会留下撞击坑，也不会有残骸。由于通古斯卡事件与地球经过恩克彗星轨道的时间正好同时发生,据此可以推断,这次大爆炸是由那颗彗星的一块造成的。

▶ 2002年曾有一颗小行星向地球靠拢,如果当时撞击到了地球,会造成多大损害?

这颗小行星2002EM为7.70米长的岩石,据估计能释放相当于一颗400万吨级核弹的能量。

▶ 彗星起源于哪里?

根据荷兰天文学家简·奥尔特(Jan Oort,1900—1992)提出的理论,认为在冥王星外10万天文单位(Au)处,有一个由气体、尘埃和彗星组成的巨大云团。在这个云团附近偶然经过的恒星,会干扰一些彗星的运行轨迹,使它们进入太阳系。

彗星有时也叫做"脏雪球",主要是由冰组成,混有一些尘埃。当某些彗星运行到距离太阳较近时,彗核中的尘埃和冰就会变热,产生一个尾巴拖在后边。彗尾被太阳风向外吹拂着,因此总是朝背着太阳的方向延伸而去。

大部分彗星的轨道都是椭圆轨道,使它们围绕太阳转动,然后再将它们抛出太阳系外围,一去不复返。然而,有时候,彗星行进到一颗行星附近时,行星的引力就会改变彗星的轨道,使彗星留在太阳系中间。这样的彗星叫做短周期彗星,因为它周期性地运行到太阳附近。最著名的短周期彗星是哈雷彗星,到达近日点(彗星轨道上距离太阳最近的点)的时间约为每76年一次。恩克彗星是另一个短周期彗星,其轨道周期为3.3年。

▶ 哈雷彗星下一次将何时再出现?

哈雷彗星大约每76年返回一次。最近一次回归是在1985/1986年,据预测,下次将于2061年出现，然后在2134年再现。现在称作哈雷彗星的每次出现，自从公元前239年就被天文学家记录下来。

哈雷彗星是以英国第二个皇家天文学家埃德蒙·哈雷（Edmund Halley，1656—1742）的姓氏命名的。1682年，哈雷观测到一颗明亮的彗星，并注意到，它正以与1531年和1607年看到的彗星类似的轨道运行着。因此他断定，这3次出现的彗星实际上是同一颗彗星，其轨道周期为76年。1705年，哈雷发表了《哈雷天文学概要》。书中，他预言，1531年、1607年和1682年出现的彗星，在1758年将会再次出现。1758年圣诞节的夜晚，德国农民，一名业余

埃德蒙·哈雷于1682年观测到并以他的姓命名的彗星，并在以前看到彗星记录的基础上，预言了彗星每76年返回一次。

天文学家约翰·帕利奇（Johann Palitzsch）就在哈雷预言的那片天空区域看到了这颗彗星。

在哈雷之前，彗星的不定期出现，常常被人们认为是灾难的前兆，神灵愤怒的征兆。哈雷证明了彗星是遵循重力定律的自然天体。

▶ 如何区别陨石和流星体？

陨石是高速穿过地球大气并坠落地球表面而残存下来的行星际岩石块，又称陨星。陨石经常与流星体或流星相混淆。流星体是指太空中的小型物体，通常直径不足30英尺（10米）。流星（有时也称作Shooting Star）是物体闯入地球大气时，与大气摩擦燃烧而产生如箭掠过的光迹。流星体进入地球大气层时就成为流星。流星体的任何部分坠落到地球上时，就成为陨石。

陨石有3种类型。铁陨石含有85%～95%的铁，其余的部分主要是镍。石铁陨石是相对极为稀少的一种陨石，由约50%的铁和50%的硅酸盐组成。石陨石主要是硅酸盐和其他石质材料组成。

什么时候会出现流星雨?

有许多流星体成群地绕太阳运动,就像地球绕太阳运动一样。当地球轨道拦截到这些流星体群中其中一群的路径时,其中一些流星体就会进入地球大气层。流星体与地球大气摩擦燃烧,产生的光痕迹叫做流星。大量的流星可以在夜空中产生壮观的流星雨。流星雨常以其发生时所在的星座命名。表14列出的是10种流星雨以及在1年中可以看到的流星雨的日期。

表14

流星雨名称	日　期
象限仪座流星雨	1月1～6日
天琴座流星雨	4月19～24日
宝瓶座流星雨	5月1～8日
英仙座流星雨	7月～8月
猎户座流星雨	10月16～26日
金牛座流星雨	10月20～11月20日
狮子座流星雨	11月13～17日
凤凰座流星雨	12月4～5日
双子座流星雨	12月7～15日
Ursids座流星雨	12月17～24日

平均每年坠落到地球上的陨石有多少?

一年当中,坠落到地球上的陨石大约有2.6万块,每块重量均超过3.5盎司(99.2克)。其中3 000多块陨石的重量超过2.2磅(1千克)。这个数字是根据加拿大摄像网络观察到的火流星的数量统计的。其中只有5～6个火流星被人们亲眼看到或造成财产损害(大部分落入占地球表面70%以上的海洋中)。

迄今为止世界上所发现的最大陨石有哪些?

陈列在纽约美国自然历史博物馆中的著名的威廉米特(Willamette)(俄勒

冈州）铁陨石，是美国所发现的最大陨石标本，有10英尺（3.048米）长，5英尺（1.524米）高（表15）。

表15

名　称	地　点	重　量	
		吨	公吨
荷巴陨石	纳米比亚	66.1	60
阿尼西托陨石	格陵兰岛	33.5	30.4
百库伯里托	墨西哥	29.8	27
姆伯斯	坦桑尼亚	28.7	26
阿帕里克	格陵兰岛	22.2	20.1
阿曼提	蒙古	22	20
威廉米特	美国俄勒冈州	15.4	14
库巴德罗斯	墨西哥	15.4	14
卡姆伯 德 西罗	阿根廷	14.3	13
蒙德拉比拉	澳大利亚西部	13.2	12
毛利托	墨西哥	12.1	11

▶ 科学家怎样知道在南极洲发现的一些陨石来自月球？

由于与登月飞船采集回来的月亮样品的组成成分一致，由此可证明，1979年在南极洲发现的陨石和随后发现的10块陨石是来自月球的陨石。

观 察 与 测 量

▶ 第一位皇家天文学家是谁？

第一位皇家天文学家是约翰·弗拉姆斯蒂德（John Flamsteed，1646—1719）。1675年皇家格林威治天文台创立时，他被任命为皇家天文学家。直到

1972年，皇家天文学家还担任皇家格林威治天文台台长。

▶ 谁被认为是系统天文学的创始人？

希腊科学家希希帕克（Hipparchus，公元前146—127年），又译"喜帕恰斯""伊巴谷""希帕库斯"，他被认为是系统天文学之父。他尽可能精确地测量了空中天体的方向。他编制了西方第一部星表，有大约850个条目，清楚地标出了每颗恒星在天球上的坐标，表明其在天空的位置。希波帕克还根据恒星的视亮度或星等，对恒星进行了分等。

▶ 什么是光年？

光年是计量天体距离的一种单位，而不是时间。光年是光在真空中1年（365.25天）内以168.282英里/秒（299.729千米/秒）的速度运行所经过的距离，约合 5.87×10^{12} 英里（ 9.46×10^{13} 千米）。

▶ 除光年外，天文学中还用什么其他单位来测量距离？

天文单位（Au）常常用于计量太阳系范围内的距离。1 Au等于地球到太阳的平均距离，即92 955 630英里（149 597 870千米）。秒差距等于3.26光年，即 1.918×10^{13} 英里（ 3.082×10^{13} 千米）。

▶ 新发现的天体是如何命名的？

许多恒星和恒星的名字可上溯至古代。天文学家专业组织——国际天文学联合会（IAu）力争在21世纪，将新发现的天体及表面特征的名字进行规范。

恒星通常按照传统的名字命名，其中大部分名称来源于希腊语、罗马语或阿拉伯语。恒星也根据他们所在的星座命名后，按照亮度附加希腊字母。因此，天狼星也称作"大犬座 α 星"，意思是大犬座最亮的恒星。其他恒星根据编号命名，包括恒星坐标，使许多天文学家惊恐的是，有几个商业恒星登记注册处，为获取酬金，可以为你提供为恒星命名机会。但这些名称并不会得到国际天文学联合会的正式承认。

国际天文学联合会已经为行星表面特征及其卫星的命名方法提出了一些建议。例如，水星上的特征以作曲家、诗人和作家命名；金星的特征以女人命名；土星卫星，土卫一上的特征以亚瑟王传奇中的人名和地名命名。

彗星以它们的发现者命名。新发现的小行星首先起个暂时的名称，用发现的年份附加两个字母组成。第一个字母表示发现小行星时的那半个月，（A=1月的前半个月，B=1月的后半个月，C=2月的前半个月，依此类推），第二个字母表示那半个月里小行星被发现的次序。所以，小行星2002EM的意思就是2002年3月前半个月（E）里发现的第13颗（M）小行星。小行星的运行轨道被确定后，就会给它一个永久的号，小行星的发现人可以荣幸地为它命名。小行星的命名多种多样，如以神话中的人物命名（谷神星、灶神星），以航空公司命名（瑞士航空公司），以披头四乐团命名（蓝侬、麦卡尼、哈里森、斯塔尔）。

▶ 什么是星盘？

星盘是测量天体的二维天文仪器，带有窥管。大约公元前100年前或更早时，由希腊人或亚利山大港人发明。星盘有两个同心圆盘，其中一个圆盘是固定的，代表地球上的观测者，另一个是移动的，可以旋转，对准某一时刻的天球。在某一纬度、日期和时，观测者可以得到太阳、最亮的恒星以及行星的地平高度和方位角。通过测量某一天体的高度，人们可以知道时间。星盘还可以用于测知日出、日落、黎明及黄昏的时间，塔的高度或是井的深度。1600年后，星盘被六分仪和其他更精确的仪器所取代。

▶ 望远镜是谁发明的？

德裔荷兰眼镜制造商汉斯·利伯希（Hans Lippershey，约1570—1619年），通常被认为是他于1608年发明了望远镜，因为他是第一个申请专利的科学家。另外两位发明家查卡里亚斯·詹森（Zacharias Janssen）和雅各布·梅提斯（Jacob Metius），也研制了望远镜。现代历史学家认为，利伯希和詹森是两位最有可能荣获望远镜发明者头衔的人，其中尤以利伯希的呼声最高。利伯希利用他的望远镜观测远处的地面物体。

1609年，伽利略也研制了用于天文研究的折射望远镜。尽管按照现在的标准他的望远镜很小，但是却能使伽利略观测到银河，确认月球表面上的凹陷为陨击坑。

▶ 反射式望远镜和折射式望远镜有什么区别？

反射式望远镜利用反射镜将光线集中于焦点，而折射式望远镜是用透镜将光线集中于焦点。反射望远镜的优点是：1）用反射镜使光聚焦，因而没有色差；2）因为背后有反射镜支持，所以没有大小限制。为了克服透镜总会产生的色差问题，牛顿在1668年制作了一架用反射镜聚焦的反射望远镜。

▶ 哪座天文台被公认为是最早的天文台之一？

在公元前2500～公元前1700年，英国建造的巨石阵是最早的天文台或观象台庙之一。人们普遍认为，巨石阵的基本功能是观测夏至和冬至。

▶ 什么叫甚大阵（VLA）？我们对此有哪些了解？

甚大阵（VLA）亦称"甚大天线阵"和"巨无霸列阵"，是现今世界上最大的综合孔径射电望远镜阵之一。由27架抛物面天线排列成巨大的Y形，口径达22英里（36千米），大概是华盛顿特区长度的1.5倍，每架天线直径有81英尺（25米），用电子计算机联合起来，分辨率相当于口径22英里（36千米）的一架单抛物面天线，具有口径422英尺（130米）单抛物面天线的灵敏度。甚大阵27架射电望远镜中的每一架都有一座房子大，可以在下面的铁轨上移动。在甚大阵使用的第22年时，它已成为世界上最富有成效的天文台之一，有2 200多名科学家利用甚大阵进行1万多个不同物体的观测。利用甚大阵已发现水星上有水、环绕普通恒星的射电日冕、银河系中的微类星体、环绕遥远星系由重力引发的爱因斯坦环和相对于宇宙中遥远的 γ 射线爆发的射电爆炸等。极大的甚大阵使天文学家能够研究速度极快的宇宙喷射的细节情况，甚至能绘制出银河系的中心。

一系列射电抛物面天线组成了新墨西哥州的甚大阵。

▶ 其名字被用来命名哈勃太空望远镜的人是谁？

埃德温·鲍威尔·哈勃（Edwin Powell Hubble, 1889—1953）是美国天文学家，以研究星系著称。他对星云（星际空间中看似一片模糊不清的微亮光点）的研究表明，其中一些光亮天体其实是由很多恒星组成的巨大恒星族群系。哈勃根据星系的不同形状，将星系分为漩涡星系、椭圆星系或不规则星系等。

哈勃定律确立了星系退行速度与距离之间的关系，星系退离太阳系的速度（通过星系红移测得，光谱特征向长波波长方向偏移，这种现象通常认为是由多普勒效应引起的结果）与星系距离太阳系的距离成正比。

1990年4月25日，哈勃空间望远镜由美国"发现者号"航天飞机送入轨道。由于在地球大气以外观测，因此不受大气干扰和吸收影响，因而比地面上的任何望远镜都能进行更深入的空间观测。1990年6月27日，美国航空航天局宣布，哈勃空间望远镜中的一个镜面有缺点，使它不能正常聚焦。尽管其他仪器，包括用于紫外线光观测的仪器，仍然在工作，但是望远镜接近40%的实验工作不得不等到望远镜修好后才能做，1993年12月2日，宇航员能够对其进行必要的修复。除了更换两个太阳电池板外，还替换了哈勃空间望远镜6

个陀螺仪中的4个。带有问题镜面的哈勃主照相机也被更换。在那次替换修复任务后，又进行了另外4次维修任务，大大地提高了哈勃空间望远镜的观测能力。

探　索

▶ 第一个提出太空火箭的人是谁？

1903年，俄罗斯的一位中学教师康斯坦丁·E.齐奥尔科夫斯基（Konstantin E. Tsiolkovsky, 1857—1935）完成了第一篇关于将火箭用于太空旅行的科学论文。几年后，美国的罗伯特·H.戈达德（Robert H. Goddard, 1882—1945）和德国的赫尔曼·奥伯特（Herman Oberth, 1894—1989）激起了人们对太空旅行更广泛的科学兴趣。这3位科学家对火箭技术和太空旅行中的许多技术问题进行了各自的研究。他们因此被称为"航天之父"。1919年，戈达德写了《到达极高空的方法》论文，论文阐述了火箭如何能用于探测上层大气，描述了将火箭发射到月球的方法。在20世纪20年代，齐奥尔科夫斯基的研究有了一系列新的成果，包括对多级火箭的详细描述。1923年，奥伯特发表《飞往星际空间的火箭》一文，文中讨论了太空飞行方面的技术，对太空船将会是什么样子也进行了描述。

▶ 零重力与微重力有什么区别？

零重力是缺乏重力，是感觉不到的重力效应的一种状态，是失重。微重力是重力非常低，尤其指接近失重的一种状态。当宇航器处于零重力或微重力环境中时，宇航器上的物体就会自由飘浮。然而，零重力和微重力这两种称法从技术上来说都是不正确的。轨道上的重力只是略小于地球上重力。宇航器及其内部的物体始终朝向地球降落。在这同时，宇航器巨大的向前运动速度好像使地球表面沿曲线运动。这种持续向地球降落的力似乎抵消了宇航器内部一切物体的重力。正是因为这一原因，这种状态有时被称为失重状态或零重力状态。

⊚ 其他行星上存在智慧生命的可能性有多大?

智慧生命的可能性取决于几个原因。利用最初由美国天文学家弗兰克·德雷克(Frank Drake , 1930—   )提出的公式,可以计算出地外智慧生命存在可能性的估算值。德雷克的公式为 $N=N_*f_pn_ef_lf_cf_l$。这个公式的意思是,地外高级文明数值(N)等于:

N_*,银河系恒星数,乘以

f_p,带有行星的恒星部分,乘以

n_e,能支持生命的恒星数,乘以

f_l,实际上已有生命出现的行星部分,乘以

f_c,带有发展了技术上高度文明的智慧生命的行星部分,乘以

f_l,技术文明持续的时间部分。

这个公式很显然有些主观,其结果取决于是分配给各种因素的数是乐观的,还是悲观的。然而,银河系是如此巨大,地外生命存在的可能性是不能被排除的。

⊚ "星系绿化" 一词是什么意思?

这个词语的意思是,人类生命、技术和文化传播到星际空间,最后穿越地球母星系——整个银河系。

⊚ 外层空间条约是什么时候签订的?

联合国《外层空间条约》于1967年1月23日签订。该条约为探索和分享外层空间提供了一个基本框架。它调整那些希望开发和利用太空、月球及其他天体的各国在外层空间的活动。它以人道主义、和平主义原则、太空非专用原则及所有国家拥有探索、利用空间的自由原则为基础。很大一部分国家签署了这一协定,包括西方结盟国家、前东欧集团和不结盟国家。

自从1957年联合国大会成立和平利用外层空间委员会(COPUOS)以来,空间法,或调整各个国家、国际组织和私营企业空间活动的那些规则就一直在演化中。其中一个小组委员会帮助起草了1967年的《外层空间条约》。

◑ 什么是"第三类近距离接触"?

UFO专家J. 艾伦·海尼克(J. Allen Hynek, 1910—1986)就如何描述与外星人或外星飞船相遇提出了下述分级标准:

第一类近距离接触——近距离看到UFO,但没有其他实际证据。

第二类近距离接触——近距离看见UFO,但有一些证据,如照片或来自UFO的智能制品。

第三类近距离接触——看见真实的外星人。

第四类近距离接触——被外星人绑架。

 ## 有人在寻找地球以外的生命吗?

一个叫做SETI(外星人探索计划)的活动始于1960年。那时美国天文学家弗兰克·德雷克(Frank Drake, 1930—   )在位于弗吉尼亚州格林班克的美国国家射电天文学天文台,用了3个月时间,搜索来自附近两颗恒星鲸鱼座的天仓五(Tau Ceti)和波江座的天苑四(Epsilon Eridani)的电波信号。虽然他没有发现任何信号,而且对SETI感兴趣的科学家还经常受到嘲笑,但是对要在宇宙中找出智慧生命这一想法的支持程度却有增无减。

哨兵计划(Project Sentinel),利用一个位于马萨诸塞州哈佛大学橡树岭的射电抛物面天线,能够同时监控12.8万个频道。这个计划在1985年升级到META(百万频道地外测定)。这次升级部分归功于美国电影导演史蒂芬·斯皮尔伯格(Steven Spielberg)的捐赠。META计划能够接受840万个频道。美国国家航空航天局利用射电望远镜,在波多黎各的阿雷西博(Arecibo)天文台和加利福尼亚州的巴斯塔(Barsta)天文台于1992年开始进行为期10年的搜寻。

科学家们后来在寻找由自然物体引起的混乱噪声发出的电波信号。这种信号可能以一定的间隔时间重复发出，或具有数学次序。无线电频道有百万条，天空大部分已被检测。从1995年10月起，BETA计划（10亿频道地外测试）一直在扫描25 000万个频道。这个新计划在META计划基础上提高了300倍，使扫描上百万条无线电频道的挑战显得不那么令人震惊。此后，SETI已开发了其他计划，射电望远镜除正常使用外，还搭载一些其他任务。

▶ 谁是进入太空第一人？

苏联宇航员尤里·加加林（Yuri Gagarin, 1934—1968）于1961年4月12日，乘坐"东方1号"宇宙飞船完成绕地球一周的飞行，成为第一个在太空旅行的人。加加林在太空的飞行时间虽然只有10小时48分钟，但是作为进入太空的第一人，他因而成为世界英雄。部分由于这次苏联的成功，美国总统约翰·逊·F.肯尼迪（John F. Kennedy, 1917—1963）于1961年5月25日宣布，美国要在20世纪60年代结束前，将一个人送上月球。在1962年2月20日，将第一位美国人送入轨道，向目标迈出了第一步。宇航员约翰·格林（John Glenn Jr., 1921—　）乘坐"友谊-7号"太空船完成了围绕轨道飞行，航行约8.1万英里（130 329千米）。在此之前，即1961年5月5日，小阿兰·B.谢波德（Alan B.Shepard Jr., 1923—1998）登上"自由-7号"宇宙飞船，成为驾驶飞船进行太空飞行的第一个美国人。这次亚轨道宇宙飞行到达了116.5英

苏联空军上校尤里·加加林在1961年4月12日，成为进入太空第一人。

里（187.45千米）的高度。

▶ 美国国家航空航天局（NASA）说"旅行者1号"和"旅行者2号"宇宙飞船要进行一次行星"巡回大旅行"是什么意思？

巨大的外行星—木星、土星、天王星和海王星——每176年一次排成一线，这样，对从地球发往木星的宇航器是难得的最佳时机，宇航器就能够在这同一次任务中同时拜访其他3个行星。一种称为"重力加速度"的技术将每颗行星的重力用作动力增量，将"旅行者号"推向下一颗行星。"巡回大旅行"第一个适宜年是1977年。

▶ "旅行者号"宇宙飞船携带的信息是什么？

"旅行者1号"（1977年9月5日发射）和"旅行者2号"（1977年8月20日发射）是无人驾驶的太空探测器，旨在探索外行星，然后再飞出太阳系。每个探测飞船上都载有一个外面涂金的铜制唱片，目的是给可能遇到它的任何有可能的外星人。唱片上不但刻录有地球和地球向其他星球发送信息的文明者的录像，还刻录有他们的声音图像。

唱片上首先是118幅图片，表明地球在银河系中的位置；其他图片中使用的数学符号略语表；太阳；太阳系中的其他行星；人类的解剖结构和繁衍；各种地形（海岸、沙漠、高山）；植物和动物生活实例；进行多种活动的所有年龄段的男人和女人以及各个种类的人；表明各种不同建筑风格的结构（从草棚到泰姬·玛哈陵，到悉尼的歌剧院）；运输方式，包括道路、桥梁、飞机和宇宙飞船。

接下来的图片后面，是美国当时总统吉米·卡特（Jimmy Carter）和联合国当时的秘书长库尔特·瓦尔德海姆（Kurt Waldheim）录制的问候，简短的问候语包括从古俄语到英语等54种语言，就像座头鲸的"歌声"。

下一部分是一系列地球上常见的声音，这些声音包括雷声、雨声、风声、狗叫声、脚步声、笑声、人类的说话声、婴儿啼哭声以及人的心跳声和脑波发出的声音。

唱片录有大约90分钟的音乐："地球上最伟大的流行歌曲。"这些精选的音乐来自非常广泛的文化范围,种类繁多,如俾格米女孩唱的歌,来自阿塞拜疆的风笛音乐,路德维希·冯·贝多芬(Ludwig von Beethoven)的《第五交响曲》之第一乐章,等等。

▶ 哪些宇航员在月球上行走过?

有12名宇航员在月球上行走过。"阿波罗"宇宙飞船每次飞行都载有3人的乘员组。一位宇航员在指挥舱里,留在月球轨道上,而登月舱则载着另外两名宇航员降落在月球表面上。

"阿波罗-11号"宇宙飞船,1969年7月16日~24日:

尼尔·A.阿姆斯特朗

小埃德温·E.奥尔德林

迈克尔·考林斯(指挥舱驾驶员,没在月球上行走)

"阿波罗-12号"宇宙飞船,1969年11月14~24日:

查尔斯·P.康拉德

阿兰·L.比恩

小理查德·F.戈登(指挥舱驾驶员,没在月球上行走)

"阿波罗-14号"宇航员,1971年1月31~2月9日:

小阿兰·B.谢波德

爱德加·D.米切尔

斯图尔特·A.罗萨(指挥舱驾驶员,没在月球上行走)

"阿波罗-15号"宇宙飞船,1971年7月26~8月7日:

大卫·R.斯各特

詹姆斯·B.阿尔文

阿尔弗雷德·M.沃尔登(指挥舱驾驶员,没在月球上行走)

"阿波罗-16号"宇宙飞船,1972年4月16~27日:

约翰·W.杨

小查尔斯·M.杜克

汤姆斯·K.马丁利二世(指挥舱驾驶员,没在月球上行走)

"阿波罗-17号"宇宙飞船,1972年12月7~19日:

尤金·A.赛尔南

哈里森·H.史密斯

罗纳德·E.埃万斯（指挥舱驾驶员，没在月球上行走）

▶ 哪次载人太空飞行时间最长？

1994年1月8日，瓦雷利·波列柯夫（Valerij Polyakov）博士飞向"和平号"空间站。1995年3月22日，他登上"联盟–TM–20号"宇宙飞船返回，在太空的全部时间为438天零18小时。

▶ 送入轨道的第一只动物是什么？在什么时间？

一只叫莱卡的雌性小狗，乘坐苏联"卫星–2号"，于1957年11月3日发射升空，成为第一只进入轨道的动物。这是继1957年10月4日，苏联成功地将"卫星–1号"——第一颗人造地球卫星——发射入轨后发射的。莱卡被安置在一个重1 103磅（500千克）的太空舱内的增压舱里。入轨几天后，莱卡死去，"卫星–2号"于1958年4月14日再进入地球大气层。

莱卡乘坐苏联的"卫星–2号"，作为第一个绕地球轨道飞行的动物而载入史册。

◉ 送入太空的第一批猴子和黑猩猩叫什么？

1958年12月12日，在美国发射的一次名叫"木星"计划飞行中，一只叫做"老可靠（Old Reliable）"的松鼠猴被送上太空，但是没有进入轨道。猴子在回收时被淹死。

1959年5月28日，在美国一艘"木星号"宇宙飞船的飞行中，两只雌猴被发射到300英里（482.7千米）高。阿贝尔（Able）是一只6磅（2.7千克）重的恒河猴，贝克（Baker）是一只重11盎司（0.3千克）的松鼠猴。两只都被活着回收。

1961年1月31日，在另一次"水星"飞船的飞行中，一只叫做海姆（Ham）的黑猩猩被送到157英里（253千米）高的太空，但是没有进入轨道。它所乘坐的太空舱最大速度达到了5 857英里/小时（9 426千米/小时），在大西洋下航区422英里（679千米）外着陆，海姆在此被平安回收。

1961年11月29日，美国将一只名为恩诺斯（Enos）的黑猩猩送入轨道，并在绕地球轨道飞行了两圈后，被活着回收。苏联通常用狗作入轨试验，美国同苏联一样，在真的将人发送进入太空之前，不得不首先获得关于太空飞行时对动物产生影响的信息。

◉ 在太空漫步的第一位男性和第一位女性分别是谁？

1965年3月18日，苏联宇航员阿列克谢·列昂诺夫（Alexei Leonov，1934—2019）在他所乘坐的"上升-2号"太空船外停留了12分钟，成为在太空行走的第一人。在太空行走的第一个女性是苏联的斯韦特兰娜·萨维茨卡娅（Svetlana Savitskaya，1947—　）。在她乘坐"联盟T-12号"（1984年7月17日）进行第二次飞行过程中，在舱外的空间活动时间达3.5小时。

在太空行走的第一个美国人是爱德华·怀特二世（Edward White Ⅱ，1930—1967）。1965年6月3日，他从"双子星-4号"宇宙飞船进入太空，由一根安全绳与"双子星"相连，在舱外的空间自由飘浮了21分钟。怀特二世在太空飘浮的照片，也正是所有太空照片中人们最熟悉的照片。凯瑟琳·D.沙利文（Kathryn D. Sullivan，1951—　）在1984年10月11日执行航天飞机STS-41G任务期间，在"挑战者号"轨道器外活动了3.5小时，成为在太空中行走的第一个美国女性。

美国宇航员布鲁斯·麦克坎德莱斯二世（Bruce McCandless Ⅱ, 1937— ）利用MMU（手动装置），在1984年2月7日，从"挑战者号"航天飞机中走出，进行首次不系绳太空行走。

▶ 进入太空的第一位女性是谁？

苏联宇航员瓦莲京娜·捷列什科娃（Valentina V. Tereshkova-Nikolaeva, 1937— ），是第一位进入太空的女性。她登上1963年6月16日发射的"东方－6号"宇宙飞船，绕地球飞行3天，完成轨道飞行48圈。她接受的宇航员训练虽然很少，但她确实是一名合格的跳伞运动员，尤其适合太空旅行的艰苦。

美国太空计划直到20年后才将一名女性送上太空。1983年6月18日，萨莉·克里斯滕·莱德（Sally Kristen Ride, 1951— ）乘坐"挑战者号"航天飞机执行STS-7任务。1987年，她进入NASA的行政管理层，帮助发布"莱德报告"，为美国国家航空航天局未来的任务和发展方向提出建议。1987年8月，她在任职负责调查"挑战者号"航天飞机灾难事故的最高委员会之后，就离开了美国国家航空航天局而成为斯坦福大学的研究员。现在，她在圣地亚哥加利福尼亚担任加利福尼亚太空研究所所长。

▶ "阿波罗11号"飞船在登月舱降落到月球上时宇航员所说的第一句话和宇航员登上月球后所说的第一句话分别是什么？

1969年7月20日，东部时间下午4时17分43秒（格林威治平时20：17：43），尼尔·A. 阿姆斯特朗（Neil A. Armstrong, 1930— ）和小埃德温·E. 奥尔德林（Edwin E. Aldrin, Jr., 1930— ）驾驶的"小鹰号"登月舱在月球的静海着陆，阿姆斯特朗通过无线电说："休斯敦，这里是静海基地。""小鹰号已经着陆"。几个小时后，阿姆斯特朗从登月舱的梯子上走下，在"小鹰号"和月球表面之间跳出了一小步，他宣布："这是个人的一小步，但却是人类的一大步。"在声音实况转播中，冠词"a"听不见，后来在记录中插入，并改成"One small step for a man"。

◉ 宇航员尼尔·阿姆斯特朗和小埃德温·奥尔德林插在月球上的美国国旗是用什么材料制作的?

这两名宇航员在月球上竖起了一面3英尺×5英尺（0.9米×1.5米）的尼龙制美国国旗,旗的上边用带有弹性的金属丝支撑,使其向侧伸展。

◉ 在月球上吃的第一餐是什么?

美国宇航员尼尔·A.阿姆斯特朗（Neil A. Armstrong, 1930—   ）和小埃德温·E.奥尔德林（Edwin E. Aldrin, Jr., 1930—   ）在1969年7月20日进行具有历史意义的月球行走之前,吃了4块腌猪肉、3块甜饼干、桃、菠萝－葡萄柚饮料和咖啡。

◉ 谁是在月球上打高尔夫球的第一人?

小阿兰·B.谢波德（Alan B. Shepard Jr., 1923—1998）是1971年1月31日发射的"阿波罗－14"号宇宙飞船上的指挥官,他在月球上打出高尔夫球的第一击。他将一个6铁头球棒安装在能返回的样品容器柄上,在月球上挥棒击了两次单手球。第一次未击中,但第二次击中了。但报告中说,这只球滑行了很远的距离。

◉ 美国女宇航员做出了哪些成就?

进入太空的第一位美国女性:萨莉·K.莱德——1983年6月18日,"挑战者号"STS-7。

在太空行走的第一位美国女性:凯瑟琳·D.沙利文（Kathryn D. Sullivan）——1984年10月11日乘坐"挑战者号"STS-41G。

进行3次太空飞行的第一位美国女性:珊农·W.露西德（Shannon W. Lucid）——1985年6月17日,1989年10月18日和1991年8月2日。

进入太空的第一位非裔美国女性:梅·卡洛尔·杰米森（Mae Carol Jemison）——1992年9月12日乘坐"奋进号"航天飞机。

宇航员萨利·K.莱德于1983年6月18日成为进入太空的第一位美国女性。

美国第一位女性航天飞机驾驶员：艾琳·M.柯林斯（Eileen M. Collins）——1995年2月3日乘坐"发现者号"航天飞机。

进入太空的第一位非裔美国人是谁？

在"挑战者号"航天飞机执行STS-8飞行任务时（1983年8月30日～9月5日），吉昂·S.布鲁福德（Guion S. Bluford Jr., 1942— ）成为在太空飞行的第一位非裔美国人。宇航员布鲁福德是一位航天航空工程博士。她乘坐"挑战者号"执行STS-61-A/空间实验室D1任务，进行第二次太空飞行（1985年10月30日～11月6日）。在太空飞行的第一位黑人男子是古巴宇航员阿纳尔多·塔玛尤-曼德兹（Arnaldo Tamayo-Mendez）。1980年9月间，他乘坐"联盟-38号"宇宙飞船，在苏联"礼炮-6号"空间站生活8天。1992年9月12日，梅·卡洛尔·杰米森（Mae Carol Jemison）博士乘坐"奋进号"航天飞机执行空间实验室-J任务，成为进入太空的第一位非裔美国女性。

一起进入太空的第一对夫妻是谁？

宇航员简·戴维斯（Jan Davis）和马克·李（Mark Lee）是进入太空的第一对夫妻。他们于1992年9月12日乘坐"奋进号"航天飞机执行历时8天的太空任务。通常，美国国家航空航天局禁止夫妻一同执行飞行任务。戴维斯和李是个例外，因为他们没有孩子，况且他们在结婚前很久就开始为这项飞行任务进行培训。

2000年进行了多少次成功的太空飞行？分别是由哪些国家进行的？

2000年，到达地球轨道或地球以外轨道的成功飞行共有82次（表16）：

表16

国家或组织	发射次数
苏联（俄罗斯）	35
美 国	28

国家或组织	发射次数
欧洲空间局	12
中国	5
乌克兰	2

1990年，这种发射共116次，其中75次是苏联发射的，27次（包括7次商用发射）是美国发射的；5次由欧洲空间局发射，5次由中国发射，1次由以色列发射。

▶ 在太空停留时间最长的人是谁？

到2001年12月31日，俄罗斯宇航员谢尔盖·阿夫耶夫（Sergei Vasilyevich Avdeyev）在太空的飞行时间累计最长，3次共飞行747.6天。

▶ 美国第一颗人造地球卫星是什么时间发射的？

美国陆军于1958年1月31日发射的"探险者1号"，是美国发射入轨的第一颗地球人造卫星。这颗重31磅（14.06千克）的卫星上装有基本的辐射计数器，发现了被地球磁场俘获的高能带电粒子带，以依阿华大学科学家詹姆斯·A. 范·艾伦（James A. Van Allen，1914—2006）的姓氏命名的。这颗卫星是继世界上第一颗人造地球卫星——苏联发射"卫星-1号"4个月后发射的。1957年10月3日，苏联将一颗重184磅（83.5千克）的大型人造卫星送入近地轨道。卫星载有科学测量仪器，以探测上层大气的密度和温度。它的发射是一次太空壮举，开创了太空时代。

▶ "伽利略号"航天器的任务是什么？

"伽利略号"航天器于1989年10月18日发射，在环绕金星飞行一圈、环绕地球飞行两圈后，用了近6年时间到达木星。"伽利略号"航天器的目的是要在几年内，对木星及其卫星和环带进行详细研究。1995年12月7日，它释放一枚探测器,用以分析木星大气的不同大气层。"伽利略号"航天器记录了木星、木星最大的4颗卫星及木星巨大的磁场等大量的探测结果。"伽利略号"原计划持续探测到1997年底,因为它一直成功飞行,所以在1997年、1999年和2001年,它又增加了探测木星卫星的任务。"伽利略号"计划于2003年9月进入到木星大气内。

▶ 苏联太空计划的创始者是谁?

谢尔盖·P. 科罗廖夫(Seigei P. Korolev, 1907—1966)对苏联载人太空飞行的发展做出了极大的贡献,他的名字与苏联最具有重大意义的太空成就密不可分。科罗廖夫接受过航空工程的培训,他领导莫斯科小组研究火箭推进原理,并于1946年接管苏联发展远程弹道火箭计划。在科罗廖夫的领导下,苏联人将这些火箭用于太空工程,并且在1957年10月4日成功发射了世界上第一颗人造地球卫星。除了要进行无人驾驶的、巨大的行星际研究计划外,科罗廖夫的目标是将人类送上太空。在用动物做了太空飞行试验后,他的载人太空飞行计划开始实施,尤里·加加林(Yuri Gagarin, 1934—1968)被成功地送入地球轨道。

▶ 在与太空相关的任务中,已经造成的死亡人数有多少?

表17列出14名宇航员死于与太空相关的事故。

表17

日　期	宇　航　员	任　务
1967年1月27日	罗杰·查菲(美国)	阿波罗-1
1967年1月27日	爱德华·怀特二世(美国)	阿波罗-1
1967年1月27日	维尔基尔·格里森(美国)	阿波罗-1
1967年4月24日	弗拉基米尔·科马洛夫(苏联)	联盟-1
1971年6月29日	维克托·帕塔萨耶夫(苏联)	联盟-2
1971年6月29日	弗拉季斯拉夫·沃尔科夫(苏联)	联盟-2
1971年6月29日	格奥尔基·多布罗沃尔斯基(苏联)	联盟-2
1986年1月28日	格雷戈里·杰维斯(美国)	STS-51L

（续表）

日　期	宇　航　员	任　务
1986年1月28日	克里斯塔·麦考利夫（美国）	STS–51L
1986年1月28日	罗纳德·麦克纳克（美国）	STS–51L
1986年1月28日	埃利森·奥尼朱卡（美国）	STS–51L
1986年1月28日	朱迪恩·雷斯尼克（美国）	STS–51L
1986年1月28日	弗朗西斯·斯科比（美国）	STS–51L
1986年1月28日	迈克尔·史密斯（美国）	STS–51L

　　查菲、格里森和怀特二世在"阿波罗–1号"进行地面模拟演练试验点火时，火箭起火，导致这3名宇航员死于驾驶舱内。科马洛夫是由于"联盟–1号"密封舱的降落伞出现故障而遇难。多布罗沃尔斯基、帕塔萨耶夫和沃尔科夫是在"联盟–2号"再入大气层时，一个阀门突然出现问题，密封舱内的空气泄出，而导致死亡。杰维斯、麦考利夫、麦克纳克、奥尼朱卡、雷斯尼克、斯科比和史密斯是在美国航天飞机"挑战者号"STS–51L发射73秒后，因航天飞机在高空突然爆炸，致使7名机组人员全部遇难。

　　此外，还有19名其他宇航员死于与太空任务不相关的事故。其中14人死于飞机坠毁，4人死于自然原因，还有1人死于汽车撞车事故。

◉ 美国太空计划中最惨重的灾难是什么？灾难的原因是什么？

　　"挑战者号"航天飞机于1986年1月28日发射，执行STS–51L任务，但是在发射升空后仅73秒就发生了爆炸。7名机组人员全部遇难，航天飞机被完全炸毁。对"挑战者号"悲剧的调查任务由罗杰斯调查委员会进行。调查团是由调查团主席、美国前国务卿威廉·罗杰斯（William Rogers）组建，并以他的姓命名。

　　罗杰斯调查委员会（对事故进行了数月研究）和参与调查的各个机构一致认为，事故的原因在于航天飞机右边固定火箭发动机的两个较低部位的接口出现了问题。确切的事故是，在火箭发动机推进剂燃烧时，用于防止热气体从接口处泄露的密封圈破裂。调查团收集的证据表明，航天飞机系统的任何其他部分都不会造成这种事故。

　　虽然调查团没有将事故责任归咎于任何个人，但是公众记录却清楚地表明，那天的发射是不应该进行的。当时卡纳维拉尔角的天气异常寒冷，夜间的温度降到了冰点以下。试验数据表明，固体火箭助推器连接处的密封圈（又叫做O形圈）在非常冷的天气里，就会失去作用。

▶ "挑战者号"航天飞机的前9次太空飞行都取得了哪些成绩？

　　将美国第一位女性送入太空——萨利·K.莱德（Sally K. Ride）
　　将第一位非裔美国人送入太空——吉昂·S.布鲁福德（Guion S. Bluford Jr.）
　　第一位在太空行走的美国女性——凯瑟琳·D.沙利文（Kathryn D. Sullivan）
　　首次乘坐航天飞机的行走——唐纳德·彼得森（Donald Peterson）和斯托里·马斯格雷夫（Story Musgrave）
　　首次不系绳太空行走——罗伯特·斯图尔特（Robert Stewart）和布鲁斯·麦克坎德莱斯二世（Bruce McCandless Ⅱ）
　　首次在轨修理人造地球卫星——品克·尼尔森（Pinky Nelson）和奥克斯·范·霍夫藤（Ox Van Hoften）
　　最早在轨道上饮用可口可乐和百事可乐——1985年

▶ 航天飞机底部的板子是什么材料合成的？可以耐多高温度？

　　航天飞机底部的2万块板子是由密度低、纯度高的二氧化硅纤维隔热物制成，由陶瓷黏结料硬化。
　　板子的表面可耐温度最高可达922～978 K（649～704℃或1 200～1 300℉）。

▶ 航天飞机使用的液体燃料是什么？

　　液态氢用作燃烧剂，液态氧用作氧化剂。这两种燃料分别储存在储箱里。在工作时，两种燃料才混合并进行燃烧。因为氧必须在温度低于−183℃时才能保持液体，而氢必须在低于−253℃时才能保持液体，所以它们是很难储存的气体，但都是极好的火箭燃料。

二 空间计划

火 箭 的 历 史

▶ **当我们提到"空间探索"时,"空间"一词意味着什么?**

在太空旅行的相关术语中,美国国家航空航天局将"外层空间"正式定义为地表以上62英里(100千米)以外的区域。这与天文学中对空间的定义是完全不同的。根据广义相对论,"空间"是指一种可以弯曲的三维结构,宇宙中的天体就位于这个三维结构当中。

▶ **航天器是如何被送入太空的?**

到目前为止,火箭是唯一能将人造天体送入太空的工具。火箭是一种携带助推剂的运输系统。通过助推剂的燃烧,火箭可以达到极快的速度,在燃烧的过程中,助推剂被转化为气体,它的温度也会随之升高,最终成为火箭尾部排出的燃气。根据牛顿第三运动定律,由于火箭的尾部排出了燃气,火箭将会获得一定的前推力。

绝大多数的运载火箭都包括一系列体积递减的小火箭,它们通常是纵向排列的。体积最大的火箭将会产生最大的推力,它的质量也是最重的。当它携带的燃料被耗尽的时候,它就会与其他几级火箭分离。当然，体积较小的火箭将会产生较小的推力。随着运载火箭的质量逐渐地缩减，火箭的有效负荷（通常是一艘太空船或一颗卫星）将会获得足够的速度，它可以凭借这一速度冲入太空，进入预定轨道或摆脱地球引力到达宇宙中的预定地点。

▶ 在20世纪以前，人们是如何研制火箭的？

大约在公元160年，生活在亚历山大的古希腊数学家希罗发明了一个装置，这个以蒸汽为动力的球形装置可以进行旋转。这个装置的工作原理与今天的火箭非常类似，它利用蒸汽的温度升高形成了推进的力量。不过，首先使用火箭的是中国人，他们在19世纪首先发明了火药这种固体推进剂。13世纪，中国出现了简易的手控式火箭，当时的人们在宗教仪式或庆祝活动中会发射这种火箭。这种装置不但着陆地点不够精确，而且射程非常近，它们的动力燃料是硝酸钾、碳和硫的混合物。后来，这种火箭传遍了亚洲和欧洲。

从18世纪开始，火箭成为战争中的有效武器。法国军队在当时首先使用了火箭，不过他们在绝大多数时候是利用火箭来放焰火。18世纪90年代，印度军队在许多战役中利用火箭打败了英军。这些火箭的重量大约为10磅，它们被固定在尖尖的竹棍上，它们的射程大约为1英里。虽然并非每一枚火箭都能准确地击中目标，但是在攻击较大的目标时，如果遇到了强烈的火力网，这些火箭还是相当具有威慑力的。1804年，英国军官威廉·康格里夫研制出射程可以几乎达到两英里（3.2千米）的火箭。正是这些火箭和它们在马里兰州的巴尔的摩和麦克亨利堡上空形成的红色光芒，给美国著名诗人弗朗西斯·斯科特·凯伊带来了灵感，并使他谱写出了《星条旗之歌》。一个世纪以后，这首歌曲成为美国的国歌。

▶ 是谁首先设计并研制出飞向太空的火箭？

俄国工程师康斯坦丁·E.齐奥尔科夫斯基（1857—1935）、美国科学家罗伯特·H.戈达德（1882—1945）和德国物理学家赫尔曼·奥伯特（1894—1989）通常被认为是现代火箭太空飞行领域的3位主要科学家。虽然这3位科学家从来没有进行过合作研究，但是后人将他们的研究成果综合起来，研究出20世纪和21世纪的国际太空计划。

▶ 康斯坦丁·齐奥尔科夫斯基对火箭的研制做出了哪些重要贡献？

在怀特兄弟于1903年完成了首次动力飞行以前，康斯坦丁·齐奥尔科夫斯基（1857—1935）就对空中飞行进行了多年的研究。齐奥尔科夫斯基在俄国首先研制出风洞，这种装置是用来研究飞机飞行时所产生的气流的。1895年，他提出了太空飞行的设想。3年以后，他又提出了火箭技术和太空飞行的一些基本概念，这些概念一直被沿用到今天。齐奥尔科夫斯基是一位名副其实的预言家，他在火箭技术和太空飞行领域已经远远领先于其他的科学家。例如，他曾经在学术论著中提到，只要在密封舱里带有氧气装置，人们就能够在太空中生存。1903年，他发表了题为《利用喷气工具研究宇宙空间》的文章。他在文章中详细地阐述了火箭推进技术和液体燃料的使用。

▶ 罗伯特·戈达德对火箭的研制做出了哪些重要贡献？

罗伯特·戈达德（1882—1945）在年轻的时候就对太空飞行和火箭技术的前景表现出浓厚的兴趣。1919年，他出版了研究火箭技术的经典论文《到达极高空的方法》。他在论文中论述了火箭到达月球的可能性。1926年，戈达德成功地发射了世界上第一枚以液体为燃料的火箭。在此之前，戈达德先后进行了多次实验。当然，在实验的过程中，他也经历了多次的失败。戈达德在1926年成功发射的火箭，是从马萨诸塞州的奥本发射升空的。火箭发射的地点原本是用来种植卷心菜的一块土地。这枚火箭的重量为10磅（4.5千克），它的最大飞行高度为41英尺（12米），它的飞行距离为184英尺（56米）。在接下来的20年内，戈达德极大地推动了火箭技术的进步。他研制出了适合多级火箭飞行的系统，这一系统包括火箭点火系统、火箭燃料系统、飞行姿态控制系统和降落伞回收系统。1930年，戈达德在新墨西哥州的罗斯威尔创建了世界上第一个专用火箭发射场，并成功地发射了多枚飞行高度达到1.3英里（2.0千米）的火箭。美国国家航空航天局的戈达德航天中心就是以这位"现代火箭技术之父"的名字来命名的。

罗伯特·戈达德博士（右上方的嵌入图片）于1932年在墨西哥进行了一次火箭实验，在这次实验的过程中，他使用了自己研制的陀螺仪。戈达德还获得了液体火箭推进剂和多级火箭的专利。戈达德预言人类利用火箭可以到达月球。同时，戈达德还研制出最大飞行高度超过1英里（1.6千米）的火箭（美国国家航空航天局）。

▶ 赫尔曼·奥伯特对火箭的研制做出了哪些重要贡献？

　　赫尔曼·奥伯特（1894—1989）出生于特兰西瓦亚，这个地方位于今天的罗马尼亚境内。奥伯特小的时候就第一次研制出了火箭。他在德国接受了高等教育，他的博士论文涉及火箭技术的数学原理和太空飞行需要考虑的因素。这篇论文的题目是《飞往星际空间的火箭》。虽然这篇论文没有被导师接受，但是奥伯特在对论文进行修改以后，又将论文扩充为一部名字叫《通向航天之路》的论著，这部论著于1929年被正式出版。在奥伯特的职业生涯中，他主要研究以固体为燃料的火箭和能够到达月球的航天器。

人类所建造的动力最强大的化学燃料火箭是哪枚火箭?

人类所建造的动力最强大的液体化学燃料火箭是"土星5号"火箭。人们最初设计这枚火箭是为了完成"阿波罗号"飞向月球的航天任务。"土星5号"的每一枚火箭带有5个F-1发动机,可以产生150万磅(68万千克)的推力。整个"土星5号"火箭可以产生大约800万磅(363万千克)的推力。这一力量相当于观看美国橄榄球超级杯赛的全部观众站在同一地点所产生的力量。

人类所建造的动力最强大的固体化学燃料火箭是航天飞机上的火箭助推器。每个助推器可以产生将近300万磅(136万千克)的推力。航天飞机的人造卫星携带了3个火箭发动机,每个发动机可以产生大约50万磅(22.7万千克)的推力。综合上面两个方面的因素,整个航天飞机的发射系统可以产生的最大推力为700万磅(318万千克),这一数值与"土星5号"的最大推力基本相当。

▶ 普通火箭发动机的构造是怎样的?

火箭的构造特点非常有利于燃料与氧化剂的快速结合并产生剧烈的燃烧甚至是爆炸。燃料与氧化剂是火箭燃烧所必需的物质。经过燃烧,在火箭的燃烧室内产生了高温燃气,这些燃气会不断地发生膨胀。所以,我们对燃气的数量和运动方向必须及时地进行控制。燃气的喷出是火箭发射过程中的一个关键阶段。燃气会从火箭一端的喷管向外喷出,从而产生了强大的气流推力,以保证火箭向上运动和向前运动。

▶ 火箭发动机是如何获得动力的?

绝大多数的火箭靠液体推进剂提供动力,这种液体推进剂是液体燃料和液体氧化剂的混合物, 液体燃料和液体氧化剂分别被储存在火箭的两个油箱内。它们会在燃烧室内化合在一起并发生燃烧, 从而产生推动火箭的能量。普通的液态火箭燃料包括酒精、煤油、联氨和液氢。普通的液态氧化剂包括四氧化二氮或液氧。一些火箭使用固态推进剂, 这时人们已经将氧化剂和燃料混合在一起, 它们实际上处于休眠状态。当这种混合物被点燃时, 推进剂的整体是在一个燃烧反应中被消耗掉的, 这个燃烧反应也是在人们的控制下进行的。与液体燃料火箭相比, 固体燃料火箭可以产生更大的推力。此外, 固体燃料火箭还具有体积轻、设计简单和活动部件少等优点。相比之下, 液体燃料火箭具有能多次启动的特点。另外, 由于人们可以精确地控制液体燃料火箭所产生的推力, 所以这种火箭可以被用来完成各种对精确度要求非常高的飞行任务。

▶ 今天的普通太空火箭拥有多大的动力?

今天的火箭在体积、质量和飞行能力等方面都不尽相同。由于送往太空的有效负荷的不同, 我们会使用不同的火箭。当我们需要向国际空间站或低地球轨道目的地运送物资或其他较小的有效负荷时, 我们会使用一些普通的火箭。当这些火箭被放置在发射台上时, 它们的高度大约为120英尺(35米)。在燃料全部装载完毕以后, 它们的重量可以达到大约300吨。在起飞时, 它们可以产生大约80万磅(36万千克)的推力。用于发射探测飞船(如"使者号""卡西尼号"和"火星探测漫游者")的火箭系统的高度大约为120英尺(35米)。德尔塔Ⅱ型火箭就是一个典型的例子。这些火箭在发射时可以产生大约100万磅(45万千克)的推力。阿特拉斯Ⅴ型火箭的高度大约为190英尺(58米), 它所产生的最大推力大约为200万磅(90万千克)。

▶ 谁首先提出了世界上第一个成功的太空计划?

苏联的乌克兰科学家谢尔盖·P.科罗廖夫(1906—1966)首先提出了世界上第一个成功的太空计划。1931年, 科罗廖夫在莫斯科成为火箭科研团队的主任。此后, 他在莫斯科工作了多年。后来, 由于第二次世界大战的原因, 他的科研工作被迫中断。第二次世界大战结束以后, 他继续进行火箭研究。他将获得的德国火箭技术融入苏联的火箭项目当中。他所进行的科研工作终于获得了丰硕的成果。1957年8月，他发射了苏联第一枚洲际弹道导弹（ICBM）。在不到2个月以后，一枚根据洲际弹道导弹技术研制的火箭将第一颗绕地运行的人造卫星"斯普特尼克1号"发射升空。1959年，"月球-3号"这个太空探测器首次传回了月球远端的图片。1961年，科罗廖夫又领导技术人员设计并建造了"东方-1号"，正是"东方-1号"将人类的第一位宇航员尤里·加加林（1934—1968）送入了太空。1963年，世界上第一位女宇航员瓦莲京娜·捷列什科娃被送入太空。1966年，"贝内拉-3号"在金星表面着陆，它也成为第一个在其他行星上着落的航天器。"月球-9号"成为第一个在月球表面着落的航天器。对于苏联的航天事业而言，科罗廖夫的地位是非常重要的。所以，在科罗廖夫去世以前，苏联政府对于他的身份一直保密。当提到他的身份时，官方只是把他称为"运载火箭和航天器的主要设计者"。科罗廖夫在1966年去世。他的遗体被安葬在克里姆林宫围墙墓园，这种荣誉只有最杰出的苏联公民才能拥有。

▶ 谁首先提出了美国的太空计划？

科学界一直认为：对美国太空计划的逐步形成影响力最大的科学家是德国物理学家沃纳·冯·布劳恩（1912—1977）。布劳恩出生在一个非常富裕的家庭。他在年轻的时候就成为一名专业的天文爱好者。后来，他就读于柏林大学。德国的"火箭之父"赫尔曼·奥伯特成为他的老师。在德国纳粹上台以后，冯·布劳恩开始负责为德军研发火箭。在布劳恩的领导下，德国人研制出了V-2火箭系统，这种系统是人类第一次利用远程火箭发射的导弹武器系统。

第二次世界大战结束以后，美国政府聘用了冯·布劳恩和其他

第二次世界大战期间，沃纳·冯·布劳恩博士为德军进行火箭研究。第二次世界大战结束以后，布劳恩博士开始帮助美国人制订他们的太空计划（美国国家航空航天局）。

126位德国科学家。他们共同参与了一个名为"回形针行动"的项目。这些德国科学家利用缴获的火箭向美国同行们讲解了火箭技术的基本原理。同时，他们还在新墨西哥州的白沙导弹靶场和得克萨斯州的布利斯基地继续进行火箭研究和火箭试验飞行。几年以后，他们又搬到了位于阿拉巴马州亨次维尔的美国国家航空航天局马歇尔航天飞行中心。冯·布劳恩被任命为该中心的第一任主任。在他的领导下，科研人员研制出了名为"红石"的第一枚远程弹道导弹。此后，他们又研制出了"木星C型火箭"，这枚火箭是美国第一枚可以运载航天器的火箭，正是这枚火箭将美国的第一颗人造卫星"探险者1号"送入了预定轨道。后来，他们还研制出"土星5号"火箭，正是"土星5号"火箭将"阿波罗号"载人飞船送往月球。

 ▶ **今天的航天机构有哪些？**

　　航天发射活动比较频繁的民用航天机构包括俄罗斯联邦航天署、美国国家航空航天局、欧洲航天局、日本航天探测局和中国国家航天局。其中，俄罗斯联邦航天署的主发射场在位于哈萨克斯坦境内的拜科努尔航天中心；美国国家航空航天局的主发射场在佛罗里达州的卡纳维拉尔角；欧洲航天局的主发射场位于法属圭亚那的库鲁。2003年10月15日，中国国家航天局在酒泉卫星发射中心将第一位中国宇航员送入太空，中国也因此成为太空俱乐部的新成员。

人造卫星和宇宙飞船

▶ 为了保证人造卫星和宇宙飞船的正常工作，需要哪些系统？

　　当人造卫星和宇宙飞船被发射升空以后，推进系统将保证它们的飞行状态和飞行方向。通信系统和无线电遥感系统将负责传送和接收数据和指令，这些指令主要来自地面的科学家和飞行控制中心。供电保障系统将负责为飞船提供电力。对于每艘宇宙飞船而言，由于它们所携带的有效负荷不尽相同，所以不同飞船各系统的设计方案和工作方案也是不一样的。

▶ **人造卫星和宇宙飞船在太空中是如何飞行的？**

人造卫星在进入太空以后，只需要极小的推力就可以进行飞行。同时，它还可以加速、减速或调整飞行方向和飞行姿态。小型的火箭发动机就足以保证上述任务的完成。即使是体积很小的火箭推进器，在长时间内也需要消耗大量的燃料。这样一来，宇宙飞船的有效负荷会随着飞船的重量减轻而下降。目前，飞船的设计者们开始使用离子推进器等新技术来保证飞船在太空中的飞行。

在图中我们看到了一台氙离子发动机，科研人员正在位于加利福尼亚州帕萨迪纳市的美国国家航空航天局喷气推进实验室对这台发动机进行实验（美国国家航空航天局）。

▶ 离子推进器的工作原理是怎样的?

离子推进器并不是依靠化学燃烧产生推力,而是依靠磁场的作用产生推力。具体说来,要先将少量的气体(通常是氙等重元素)注入电离室内,电离室内存在一系列的磁力线圈。通过电流给磁力线圈提供动力,于是在电离室内就会产生电磁力。这种电磁力可以将气体内的正电子与负电子分开,形成离子和自由电子。强大的磁场会使这些带电粒子以极快的速度向后运动并冲到电离室的外面,这种向后的运动最终形成了前推力。

▶ 离子推进器的动力如何?

与依靠化学燃烧的普通火箭相比,离子推进器系统产生的前推力非常微弱。目前飞船上携带的离子发动机能够产生的最大推力还不及一个小朋友用手推动玩具卡车所产生的力量。但是,由于离子发动机的效能非常高,所以即使在满负荷工作状态下,它也只需极少的燃料。所以,离子发动机可以使用很多年。它每一次产生的推力,可以使用几天、几周甚至几年。

▶ 在太空中建立核发电厂有怎样的意义?

放射性同位素热电产生器可以利用发射性衰变的过程产生几百瓦的电力,这些电力可以使用几十年的时间。而飞船上的核反应堆利用核裂变所产生的电能,可供飞船有效使用无限长的时间(至少很多个世纪)。在长时间的太空飞行中(包括星际旅行和以其他恒星系统为目的地的太空旅行),这些电能不仅能够保证离子发动机的正常运转,还能保证所有飞船系统始终处于正常的工作状态。如果这个飞船是载人飞船,核反应堆还可以为生命保障系统提供电力。此外,空气和水的净化系统也会利用核反应堆产生的电力。如果宇航员想在飞船上开展水栽农业,他们还可以利用由核反应堆提供电力的照明系统。

▶ 普通的宇宙飞船靠什么来提供动力？

对于运行轨道没有超出火星轨道的绝大多数人造卫星和宇宙飞船而言，太阳能电池板是它们获得电力供应的便捷方法。太阳能电池板可以将太阳光转化为电能，这些电能可以被储存在电池里。当飞船要完成一些能量消耗多的任务时，这些电能就会发挥作用。然而，如果航天器的飞行轨道与太阳之间的距离超过了几亿英里，太阳能电池板的作用就不那么明显了，这主要是因为太阳光太弱的缘故。所以，那些执行远距离飞行任务的宇宙飞船（例如，"伽利略号""卡西尼号"和"航海家号"）会携带被称为"放射性同位素热电产生器（RTG）"的发电装置。实践证明，这种装置的发电效果非常好。

▶ 放射性同位素热电产生器的工作原理是怎样的？

放射性同位素热电产生器并不是太空中的核发电厂。它们都是拥有多层保护措施的容器。在这些容器的内部，装有几千克的像钚–238这样的放射性同位素。此外，还有一个装置可以将放射性同位素衰变所产生的热量转化为电能。例如，"卡西尼号"宇宙飞船携带了3个放射性同位素热电产生器单元，每个单元最初携带了17磅（8千克）的钚–238，可以产生300瓦的电能。

▶ 在今天的宇宙飞船上真的有核发电厂吗？

答案是否定的。到目前为止，任何正在使用的人造卫星和宇宙飞船都没有搭载核反应堆。20世纪晚期，苏联发射的系列军用卫星上曾经搭载过小型核反应堆。不过，其中的几颗卫星险些给人类带来灾难。1977年9月发射的"宇宙954号"沿着螺旋形的轨迹进入了大气层，并于1978的1月24日落入了加拿大管辖的北极地区，并在一大片土地上造成了放射性污染。"宇宙954号"卫星的残骸会释放出足以致命的辐射。幸运的是，当时并没有人因受到核辐射而受伤或死去。人们花了几个月的时间，才将受到放射性污染的地区清理干净。苏联在1982年发射的"宇宙1402号"航天器经历了同样的命运。它在1983年1月23日落到了地球上。幸运的是，它在重新进入地球大气层以后，落入了印度洋的偏远海域。此外，人们并没有发现这个航天器的残骸。

出于安全方面的考虑，现在发射的宇宙飞船都没有搭载核反应堆。到目前为止，由核动力宇宙飞船完成远离地球的深度太空飞行，还只是一个很有吸引力的想法。人类所面临的挑战是：万一核动力宇宙飞船遇到了灾难性的失败，如何保证地球和地球上的人类不会受到威胁。20世纪60年代，美国曾经研究过一种核动力火箭的发动机，这种发动机的英文简称是"NERVA"，是"火箭飞行器用核发动机"的意思。1972年，美国方面放弃了这一研究项目。2003年，美国国家航空航天局又开始了一个新的核太空项目，这个项目被命名为"普罗米修斯项目"。然而，几年以后，由于研究资金被大幅度地削减，人们对这个项目的前景也产生了质疑。

斯普特尼克时代

▷ 哪个天体是太空中第一个围绕地球运转的人造天体？

1957年10月4日，苏联发射了第一颗围绕地球运行的人造卫星。这颗卫星被称为"斯普特尼克1号（Sputnik 1）"。在俄语中，"Sputnik"一词代表了"旅行的伙伴"或"卫星"。在为期3个月的太空之旅中，"斯普特尼克1号"每96分钟就会围绕地球飞行一圈，它的飞行速度差不多为每小时1.74万英里（2.8万千米）。苏联人的成功使美国的科研人员和美国民众感到非常惊讶。当时，美苏两国是世界上的超级大国。从那以后，两国展开了"太空

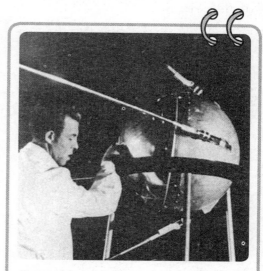

第一颗被成功发射到太空中的人造卫星是"斯普特尼克1号"卫星，苏联在1957年10月4日将这颗卫星成功地发射升空（Asif A. Siddiqi）。

竞赛"。

▶ "斯普特尼克1号"卫星的外表是什么样的?

"斯普特尼克1号"卫星是一个直径为23英寸（58厘米）的钢球。在这颗卫星的表面还装有4根灵活的天线，它们的长度为2.2～2.6码（201～238厘米）。"斯普特尼克1号"可以利用两个不同的频率传输无线电信号并收集关于外层空间的电离层和温度状况的信息。

▶ 美国发射的第一颗人造卫星是哪一颗?

当苏联的"斯普特尼克1号"卫星被成功发射时，美国的一个太空计划也差不多准备好了。对"斯普特尼克1号"的成功发射，美国政府感到非常惊讶。于是，美国方面在1957年的12月6日匆忙地发射了自己的第一颗人造卫星，这颗卫星被称为"先锋号"。不过，这次发射最终失败了，搭载着卫星的火箭仅仅飞行了几英尺就坠落下来。1958年的1月31日，由沃纳·冯·布劳恩率领的科研队伍在位于阿拉巴马州亨次维尔的马歇尔航天飞行中心成功地发射了美国的第一颗人造卫星，这颗卫星的名字叫"探险者1号"，它是被"木星–C型火箭"送入预定轨道的。

 ▶ 最初被送入太空的几条小狗的名字叫什么?

"斯普特尼克2号"携带了一条名叫"莱卡"的小狗。不幸的是，由于苏联的太空计划并没有考虑到这个航天器和它的乘客返回地球的问题，所以这条小狗最终死在太空里。"斯普特尼克5号"携带了另外两条小狗，它们的名字分别叫Belka和Strelka。除此以外，"斯普特尼克5号"还携带了许多只小老鼠和大老鼠以及一些植物。所有这些动物都跟随宇宙飞船安全地返回了地球。

▶ **"探险者1号"的外表是什么样的?**

　　"探险者1号"是一颗形状像子弹的人造卫星,它的长度大约是6.5英尺(2米),它的重量达到了31磅(14千克)。它是由具有开拓意识的太空科学家詹姆斯·A.范·艾伦(1914—2006)在依阿华大学设计的。在这颗卫星上搭载了用来测量地球上层大气层的温度和密度的仪器。这颗卫星上还搭载了一个辐射探测器,它主要被用来发现位于地球周围的环状物区域,这个密度很大的区域往往会产生辐射,如今人们把这个区域叫做范艾伦辐射带。"探险者1号"的在轨飞行一直持续到1967年,它为人们传回了大量关于近地外层空间珍贵的科学数据。

▶ **在"斯普特尼克航天飞行时代"航天领域发生了哪些重大事件?**

　　在"斯普特尼克号"和"探险者1号"被成功发射以后,苏联方面和美国方面又根据各自的太空计划发射了多颗卫星。美国的"先锋"太空计划进行得不是非常成功,在总共11次航天发射当中只成功了3次。相比之下,"探险者"太空计划进行得更加成功:在1958—1984年,一共进行了65次航天发射,航天器在太空中为地球拍摄了大量翔实的照片并将这些照片传回了地面,同时还传回了与一系列的天文现象有关的大量数据,这些天文现象包括太阳风、磁场和紫外线辐射。在1957—1960年,苏联根据"斯普特尼克"太空计划又进行了4次航天发射。

通 信 卫 星

▶ **谁首先提出了使用通信卫星的想法?**

　　使用环绕卫星进行通信联系的想法是由英国科幻作家阿瑟·克拉克(1917—2008)首先提出来的。1945年,他建议利用3颗环绕卫星来建立国际通信系统。然而,为了使这个想法成为现实,科学家们克服了许多技术上的困难。

卫星和卫星上搭载的设备必须耐高温、耐严寒。同时，卫星必须拥有可以多年使用而无需更换的电力供应系统。接下来要解决的问题就是如何把通信卫星送入预定轨道。

第一批通信卫星有哪些？

"斯普特尼克1号"是人类发射的第一颗人造卫星，这颗卫星具备通信能力，它可以利用两个不同的频率传送无线电信号，它进行了大约3年的在轨飞行。

第一颗使用寿命较长的通信卫星是"回声号"，它在1960年被发射升空。贝尔电话实验室的约翰·R.皮尔斯（1910—2002）研发了这颗卫星。这颗卫星的外表涂了一层铝，它实际上是一个充满了气体的塑料飞船，它的直径为100英尺（31米）。它在低轨道绕地飞行。它的主要任务是被动地将通信信号反射回地球。在这一过程中，它并没有主动地输出信号。在1964—1969年，"回声号"的继任者"回声2号"一直在进行在轨飞行。

首批能够主动地进行信号传输的通信卫星包括由美国电报电话公司研制的"通信卫星"和美国国家航空航天局研制的"中继卫星"。"通信卫星"在1962年被发射升空，这颗卫星被用来在美国的缅因州和英法两国之间传送电话信号和电视信号。"通信卫星"和"中继卫星"的成功证明了人类完全可能利用由多颗卫星构成的通信系统来进行远距离的全球信号传输。

什么是国际通信卫星组织？

为了建立一个共同所有、共同经营的综合通信卫星系统，11个国家在1964年的8月20日成立了国际通信卫星组织（INTELSAT）。1965年4月6日，该组织发射了第一颗卫星，这颗卫星被命名为"晨鸟号"，这颗卫星也是历史上的第一颗商用通信卫星。它实际上是一个金属圆柱体，高度为1.5英尺（0.45米），宽度为2英尺（0.6米），在它的表面分布着一圈太阳能电池，它可以同时处理240路电话信号和1路电视信号。多年以来，越来越多的国家参加了这个组织。2001年，INTELSAT变成了一家私营企业，名字叫"美国国际星全球服务公司"。如今，这家公司继续利用自己拥有的50多颗卫星向各国提供卫星

正是由于有几十颗卫星在绕地飞行,汽车里才可以使用全球卫星定位系统。同时,人们为了不在野外迷路,也可以使用一些手控的定位装置(iStock)。

通信服务。

▶ 什么是全球定位系统（GPS）？

今天，有几百颗卫星在围绕地球飞行，其中的许多卫星是通信卫星。它们可以在全世界的范围内传输电话、音频、电视和其他电磁信号。最著名的通信卫星系统是"导航星"全球定位系统，即GPS。这个系统是由24颗绕地飞行的卫星构成的。它们的飞行高度大约是1.2万英里（1.93万千米）。它们的飞行速度为每小时7 000英里（11 260千米）。全球定位系统可以同时从几颗卫星处获取实时的通信信号，从而准确地确定该系统的使用者在地球上所处的位置，其误差仅为几英尺或几米。GPS系统由美国政府负责维护，它的维护费用为每年7亿多美元。不过，美国政府通过这套系统所获得的经济效益和社会效益已经远远超过了上述维护费用。

太空中的首批人类

▶ 谁是到达太空的第一人？

到达外层空间的第一人是苏联的宇航员是尤里·加加林（1934—1968）。他就读于俄罗斯伏尔加河畔的萨拉托夫工业技术学校。后来他加入了飞行俱乐部，并成为一名业余的飞行员。在导师的推荐下，他于1955年就读于奥伦堡航空军事学校。1957年11月7日，加加林从该学校毕业，并被授予中尉军衔。此后他又前往北极地区，参加战斗机飞行员的强化培训。1959年，苏联成功地发射了围绕月球飞行的"月球3号"卫星，加加林受到了极大的鼓舞。他申请成为苏联第一批宇航员并获得了批准。在此后一年多的时间内，他接受了严格的太空飞行训练。

1961年4月12日，加加林搭乘苏联的"东方-1号"宇宙飞船进入了太空。他在太空中一共停留了108分钟。在这期间，"东方-1号"宇宙飞船绕地飞行了一圈，然后就返回了地球。当返回舱距离地面两英里（3.2千米）的时候，加加林成功地实施了跳伞降落。就这样，他成为全世界的英雄。在后来的5年里，加加林忙于同公众见面，参加各种政治活动，从事行政管理工作，并训练下一批宇航员。1966年，他开始为自己的下一次太空之旅进行准备。他这一次乘坐的宇宙飞船是"联盟-1号"。这艘飞船在1967年进行了首次飞行。不幸的是，这艘飞船在重新进入地球大气层时发生了意外事故，飞船上的宇航员弗拉基米尔·科马洛夫（1927—1967）不幸遇难。尽管这样，加加林继续进行艰苦的训练。但是令人遗憾的是，加加林没能再次进入太空。1968年3月27日，在一次飞行训练中，加加林驾驶的飞机突然失控坠毁，加加林和他的飞行教官不幸遇难。

第一位进入太空的人是苏联的民族英雄尤里·加加林（美国国家航空航天局）。

▶ 谁是进入太空的第一位女性？

1961年，出生在苏联的瓦莲京娜·捷列什科娃（1937—　）已经成为一名优秀的业余跳伞运动员。于是，她报名参加了苏联的太空飞行项目。她是最初参加这一项目的4位女宇航员之一。1963年，她乘坐"东方-6号"在3天的时间里绕地飞行了48圈。在这次飞行的过程中，面带微笑的捷列什科娃出现在苏联和欧洲其他国家的电视屏幕上，她看上去状态非常好。她对电视机前的观众说："我看到了地平线，那是一个美丽的淡蓝色带状物。"

当瓦莲京娜·捷列什科娃凯旋而归时，人们纷纷表达了对这位女英雄的热烈欢迎，她还被授予"苏联英雄"的荣誉称号。此后，她又到世界各地参加各种庆祝活动。回国以后，她成为苏联空军基地的陆军上校。她还获得了技术学科的学位，并成为在苏联太空项目中负责飞行技术的工程师。后来，她又进入了政界，成为苏联政府的一名高级官员。在苏联解体以后，捷列什科娃成为俄罗斯国际合作协会的主任。她的丈夫是宇航员安德里安·尼古拉耶夫，他们的女儿名叫埃琳娜。出生于1964年的埃琳娜也成为世界上第一名父母都去过太空的孩子。

▶ 进入太空的第一位美国人是谁?

1961年,美国宇航员小阿兰·巴特莱特·谢波德(1923—1998)完成了美国人的第一次太空之旅。谢波德执行的是"水星-红石3号"太空计划。他所搭乘的是"自由7号"宇宙飞船。这个飞船的飞行轨道是一个亚轨道。它的飞行高度为116英里(187千米),它在太空中的飞行距离是303英里(488千米),它的飞行速度是每小时5 146英里(8 280千米)。经过15分钟的飞行,谢波德乘坐降落伞安全地降落在大西洋水域。

谢波德是一位海军飞行员,他的军衔是少将。在完成了具有历史意义的太空之旅以后,谢波德继续留在宇航员梯队中。他最终搭乘"阿波罗-14号"飞向了月球,他也成为第五位在月球表面完成行走的人。

小阿兰·谢波德是第一位进入太空的美国人。在图中我们看到:谢波德在乘坐"自由7号"顺利地返回地球以后,正在登上一架直升机(美国国家航空航天局)。

▶ 谁是第一位绕地飞行的美国人?

1962年2月20日,约翰·格林成为第一位绕地飞行的美国人。格林完成的具有历史意义的飞行是"水星计划"的一部分。"水星计划"是美国国家航空航天局提出的,它的目标是将人类送往太空。格林在"友谊-7号"太空舱里待了5小时,围绕地球运行了3周。他后来成为代表俄亥俄州的参议员。

▶ 哪一次灾难使维尔吉尔·格里森和另外两名宇航员失去了生命?

维尔吉尔·格里森(1926—1967)本来被推荐为第一批在月球上行走的宇航员之一。不幸的是,在"阿波罗-1号"发射前的一次训练和测试中,"阿波罗-1号"发生了火灾。结果,维尔吉尔·格里森、爱德华·怀特(1930—1967)和罗杰·查菲(1935—1967)3名宇航员都失去了生命。"阿波罗-1号"原定于1967年1月27日发射升空。

▶ 年龄最大的到过外层空间的人是谁?

1998年,约翰·葛兰成为年龄最大的到过外层空间的人。当时,他已经77岁了。他是乘坐"发现号"航天飞机进入太空的。

▶ 谁是第一位两次去过太空的人?

维尔吉尔·格里森(1926—1967)在1961年7月首次到达了太空,他执行的是水星太空计划的第二次任务,这次飞行是在亚轨道进行的。官方把执行这次任务的宇宙飞船称为"水星-红石4号",但是一般人更愿意把这个航天器称为"自由钟7号"。1965年3月,格里森完成了"双子星太空计划"的首次载人飞行。格里森和另外一名宇航员约翰·W.杨(1930—　)共同乘坐"双子星3号"(也被称为"莫利·布朗号")绕地飞行了3周。格里森也因此成为第一位两次去过太空的人。

▶ 谁首先实现了太空行走?

苏联的宇航员阿列克谢·列昂诺夫(1934—2019)是第一个实现太空行走的人。1965年3月18日,他在"上升-2号"外面漂浮了12分钟。列昂诺夫这次具有历史意义的航天飞行任务是人类历史上第十次载人航天飞行任务，也是苏联的第六次载人航天飞行任务。

当"上升-2号"绕地飞行到第二圈时，列昂诺夫穿上了太空服并携带了一个装有氧气罐的背包，然后进入飞船的气密舱。当确认通往飞船内部的舱门已经关好以后，列昂诺夫打开了外面的舱门并爬了出去。当他在太空中漂浮时，他与飞船之间的距离为17英尺（5.3米），系在身上的安全绳已经伸展到了极限。后来，他又在飞船的顶部停留了几分钟。最后，他开始返回飞船。列昂诺夫意外地发现在太空服的表面有几处鼓了起来，以至于他无法通过舱门。幸运的是，列昂诺夫在很短的时间内就解决了这个问题。他将一些气体从增压的太空服中释放出来。

▶ 第一位实现太空行走的美国宇航员是谁？

在列昂诺夫首次实现太空行走的几个月之后，美国宇航员爱德华·怀特二世也于1965年6月3日成功地完成了太空行走。在21分钟的时间里，怀特在"双子星-4号"宇宙飞船外面完成了出舱活动。在进行出舱活动时，他的身体系着安全绳。同时，另一名宇航员詹姆斯·麦克迪维特（1929—　）始终在舱内密切关注着他的一举一动。

▶ 谁是第一位进入外层空间的美国女性？

美国宇航员萨利·克里斯滕·莱德（1951—　）于1978年在加利福尼亚州的斯坦福大学获得物理学博士学位，并在同一年被选入了宇航员梯队。虽然苏联的两位女宇航员瓦莲金娜·捷列什科娃和斯韦特兰娜·萨维茨卡娅先于她完成了太空之旅，但是莱德还是成为第一位进入外层空间的美国女性，她也是当时最年轻的宇航员。在1983年6月18日进入太空以后，莱德作为飞行工程师在"挑战者号"航天飞机上一共工作了6天的时间。

▶ 首批进入外层空间的非裔美国宇航员有谁？

吉昂·S.布鲁福德博士（1942—　）作为一名美国空军的战斗机飞行员，获得了陆军上校军衔。他在1978年获得飞行工程学的博士学位。不久以后，他加入了美国国家航空航天局的宇航员梯队。1983年8月30日，他成为第一位进入太空的非裔美国人。当时，他是"挑战者号"航天飞机上的航天任务专家。后来，布鲁福德又先后于1985年10月、1991年4月和1992年12月进行了3次航天飞行。

梅·卡洛尔·杰米森博士（1956—　）于1981年在纽约的康奈尔医学院获得医学博士学位。她先后在古巴、肯尼亚和泰国的柬埔寨难民营学习和工作。作为"和平队"的志愿者，她还在塞拉利昂和利比里亚工作过。1987年，她被吸收进航天员梯队。1992年9月12日，作为"奋进号"航天飞机上的宇航员之一，杰米森进入了外层空间。她也成为第一位进入外层空间的非裔美国女性。

▶ 首批进入外层空间的亚裔美国宇航员有谁？

埃利森·奥尼朱卡（1946—1986）出生在夏威夷，他获得了太空工程学的硕士学位。作为一名飞行试验工程师和试飞飞行员，他在美国空军服役，获得中校军衔。1978年，美国国家航空航天局将他选入了航天员梯队。他在地面先后研究了一系列航天飞机的飞行任务。1985年1月24日，作为"发现号"航天飞机的机组人员之一，他进入了外层空间，他也因此成为第一位进入外层空间的亚裔美国宇航员。不幸的是，在埃利森·奥尼朱卡第二次执行太空飞行任务时，他和"挑战者号"航天飞机的其他机组成员于1986年1月28日不幸遇难。

卡尔帕纳·楚拉博士（1962—2003）出生在印度哈利亚纳邦卡纳尔，她在1988年在科罗拉多大学获得太空工程学的博士学位。她拥有经过认证的飞行教官资格，还拥有可以完成各种飞行任务的商务飞行员证书。1990年，她自动获得了美国公民资格。1995年，她加入了美国国家航空航天局的航天员梯队。1997年11月19日，作为"哥伦比亚号"航天飞机的机组成员之一，楚拉进入了太空，她也因此成为第一位进入外层空间的亚裔美国女性。令人伤心的是，当楚拉进行自己的第二次航天飞行时，她和"哥伦比亚号"航天飞机的其他机组成员在2003年2月1日不幸遇难。

苏联早期的太空计划

▶ "东方号"宇宙飞船是什么样的?

俄语中"Vostok"一词是"东方"的意思。"东方号"宇宙飞船是一个体积相对较小的飞船,它包括一个航天员座舱和一个设备舱。球形的航天员座舱的直径为7.5英尺(2.3米),里面的空间只能容纳一位宇航员。航天员座舱的外面有一层隔热层,在航天员座舱的上面有通信天线,座舱的下面有提供生命保障的储气罐,里面储存着氮气和氧气。在设备舱里,有一枚小火箭和许多推进器。设备舱被用钢带固定在航天员座舱的下面。

▶ "上升号"太空项目是指什么?

俄语中"Voskhod"一词是"日出"的意思。"上升号"太空项目是指苏联的第二代载人宇宙飞船。这些宇宙飞船在设计上与"东方号"系列飞船非常相似。在苏联的太空计划中,"上升号"太空项目只是一个权宜之计。由于"联盟号"太空项目被一再延误,为了保证苏联的载人航天项目能够继续向前发展,就创建了"上升号"太空项目。在这种情况下,"上升号"的外观设计略显粗糙,航天员的座椅也很小。此外,飞船里没有弹射座椅和应急离机装置。由于航天员座舱里的空间非常狭小,所以3名航天员甚至无法身着宇航服。幸运的是,尽管"上升号"太空

"上升-1号"上的3名宇航员(从左至右)分别是:弗拉基米尔·科马洛夫、伯里斯·耶戈洛夫和康斯坦丁·费捷斯托夫(彼得·戈瑞)。

项目充满了各种风险，但是在整个项目的运行过程中，并没有发生任何意外的灾难。

▶ 首批"上升号"太空计划包括哪些内容？

"上升-1号"在进行了一次不载人测试飞行以后，在1964年10月12日被发射升空。"上升-1号"宇宙飞船上一共有3名宇航员。一天以后，"上升-1号"成功返回了地球。"上升-2号"在1965年3月18日被发射升空。在这次太空飞行期间，宇航员阿列克谢·列昂诺夫（1934—2019）进行了人类的第一次太空行走。然而，当列昂诺夫和另一位宇航员帕维尔·贝尔西耶夫准备返航时，他们发现宇宙飞船的飞行方向出现了错误。为了调整飞船的飞行方向，他们不得不让飞船再飞行一圈，这也使得他们改变了飞船的着陆地点。最后，两位宇航员利用降落伞在乌拉尔山区的一个偏远地方实现了着陆。在搜救队找到他们以前，他们不得不在森林里渡过了两天的时间。也许是由于"联盟号"太空项目的准备工作已经基本就绪，苏联方面决定把精力转移到这个项目上去。所以，"上升号"太空计划没有继续进行下去。

▶ "联盟11号"发生了怎样的悲剧？这次悲剧对苏联的太空计划产生了怎样的影响？

　　"联盟号"航天项目的系列飞船先后进行了数十次载人航天飞行。在这其中，除了"联盟11号"以外，全部获得了成功。"联盟11号"在1971年6月6日被发射升空，并成功地实现了与"萨图恩1号"空间站的对接。然而，在飞船返回地球的过程中，一个阀门意外地开了。结果，航天员座舱里的空气全部被泄露，以至于3名宇航员全部窒息而死。在这次意外的灾难发生以后，技术人员对"联盟号"系列飞船进行了许多改进。此外，飞船上的宇航员减少为两人，从而保证每位宇航员在发射和返回的过程中以及在完成对接任务时，都能身着经过增压处理的宇航服。

◉ 什么是"联盟号"航天项目？

俄语中的"Soyuz"一词意为"联盟"。到目前为止，"联盟号"航天项目是苏联（和后来的俄罗斯）所进行的持续时间最长的太空飞行项目。这一项目最初的目标是飞往月球。苏联太空项目的负责人谢尔盖·P.克罗廖夫（1907—1966）在20世纪60年代初为了实现飞往月球的目标设计了3艘"联盟号"飞船。1964年，苏联人决定使用动力性更强的"质子号"火箭来执行飞向月球的任务。根据新的安排，"联盟号"飞船将执行一系列的绕地航天飞行任务。

◉ 首批"联盟号"飞船包括哪些？

"联盟-1号"在1967年4月23日被发射升空，这个飞船由轨道舱、返回舱和设备舱3部分构成。在飞船的设备舱里装有设备、发动机和燃料。不幸的是，这个飞船遇到了很多麻烦。飞船最终由于降落伞没能在着陆前打开而坠毁。宇航员弗拉基米尔·科马洛夫（1927—1967）也在这次事故中不幸遇难。后来发射的"联盟号"飞船显然更加成功。"联盟-3号"将宇航员格奥尔基·别列戈沃伊（1921—1995）送入太空并成功返航。"联盟-4号"和"联盟-5号"在1969年1月先后被成功发射。在此期间，宇航员阿列克谢·叶利谢耶夫（1934—　）和叶夫根尼·赫鲁诺夫（1933—2000）都完成了太空行走和飞船转换，这也是人类第一次在太空中完成宇航员的飞船转换。

曾经在"联盟号"系列宇宙飞船工作过的宇航员分别是：（站着的从左至右）维克托·戈尔巴特科、阿纳托里·菲利普琴科、弗拉季斯拉夫·沃尔科夫、（坐着的从左至右）瓦列里·库巴索夫、格奥尔基·别列戈沃伊、弗拉基米尔·沙特洛夫和阿列克谢·叶利谢耶夫（彼得·戈瑞）。

▶ 什么是"联盟号"运载火箭？

一批今天仍在被使用的高级版本的运载火箭也被称为"联盟号"。例如，欧洲航天局在2005年发射的"金星快车号"宇宙飞船就是由"联盟号"火箭发射的。

▶ 什么是"月球号"航天项目？

"月球号"航天项目是苏联在1959—1976年进行的太空项目。它的主要目的是利用太空探测器来探索月球和月球周围的太空环境。一共有24个"月球号"探测器在不载人的情况下完成了针对月球的绕飞、摄像和着陆，它们在太空探测史上竖起了一座座里程碑。

▶ "月球号"航天项目取得了哪些成绩？

1959年，"月球-1号"成为第一艘完成针对月球的近天体探测飞行的宇宙飞船。在1959年9月12日被发射升空的"月球-2号"撞击了月球的表面并在月球的表面着陆，成为第一个到达月球的人造天体。几个月以后，"月球-3号"首次拍摄了月球远端的照片。1966年2月，"月球-9号"成为第一个在月球的表面实现软着陆的人造天体，这个球形的太空探测器还配备了一台电视摄像机，它可以将周围的月球景色利用镜头记录下来并将画面传回地面。1970年9月，"月球-16号"利用机器人设备收集到月球的土壤标本并将它们带回了地球，一共有4个太空探测器首次完成了上述任务。在1971年11月和1973年1月，"月球号"探测器将两个远程遥控的月球漫游车安置在月球的表面。"月球探测车-1号"和"月球探测车-2号"一边在月球的表面巡游，一边拍摄月球表面的照片并经过测算分析出月球土壤的化学构成。

美国早期的太空计划

▶ 什么是"水星计划"？

"水星计划"开创了美国太空飞行计划的先河。1959年，刚刚成立的美国国家航空航天局（NASA）创建了"水星计划"。

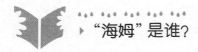

"海姆"是谁？

"水星太空探测计划"包括一系列的不载人试验飞行。在此之后，美国方面在1961年1月利用一只叫"海姆"的黑猩猩又进行了一次试验飞行。当"海姆"平安地返回地球以后，人们有理由相信"水星号"飞船已经可以完成载人飞行了。

▶ "水星号"宇宙飞船是什么样的？

"水星号"宇宙飞船的航天员座舱的形状像一个铃铛。它的高度不到9英尺（实际为2.74米），它的宽度为6英尺（1.8米）。由于舱内的空间非常狭小，所以每一次舱内只能容纳一位宇航员。航天员穿过航天员座舱的正方形舱门，然后坐在座椅上，座椅是根据航天员的体形特意制作的。在航天员座椅的正前方是一个控制面板。航天员座舱的底部装有隔热板。这样一来，航天员座舱就可以在返回地球大气层时抵御炙热的高温。在飞船着陆以前，一个膨胀的气垫将会取代隔热板，降落伞最后会从航天员座舱的顶部弹出。

▶ 著名的"水星七杰"包括哪些宇航员？

"水星七杰"是首批被选入美国宇航员梯队的宇航员，他们包括：瓦尔特·施艾拉（1923—2007）、唐纳德·迪克·斯雷顿（1924—1993）、约翰·格伦（1921— ）、斯科特·卡彭特（1925— ）、小阿兰·巴特莱特·谢波德（1923—1998）、维尔吉尔·格里森（1926—1967）和戈登·库珀（1927— ）。这些宇航员都是美国的民族英雄。

▶ 早期的"水星号"太空探测计划取得了哪些成绩?

在1961—1963年间,"水星号"飞船一共进行了6次载人航天飞行。"水星号"飞船最初是由"红石号"火箭发射的。后来,美国方面开始使用"阿特拉斯号"火箭发射"水星号"飞船。"水星号"飞船的短途太空之旅为20世纪60年代中期"双子星号"飞船完成距离更远而且更为复杂的太空飞行奠定了基础。在"双子星号"太空计划之后,美国人又执行了"阿波罗号"太空计划,这一计划是在1972年结束的。

▶ 什么是"双子星号"太空计划?

"双子星号"太空计划是美国太空飞行时代的第二个阶段。在1964年4月—1966年11月,一共有12艘"双子

宇航员约翰·格伦正在为执行"水星-阿特拉斯6号"任务进行准备(美国国家航空航天局)。

▶ "双子星8号"飞船遇到了什么情况?

1966年3月,当"双子星8号"飞船完成了与"阿金纳号"火箭的对接任务以后,这个飞船突然开始失去控制。为了避免灾难的发生,尼尔·阿姆斯特朗(1930—)和大卫·斯科特(1932—)只能将推进器关闭。接着,"双子星8号"飞船在太平洋海域进行了紧急着陆。美国国家航空航天局的工程技术人员后来在调查中发现:由于飞船的一个推进器始终处于"开启"的状态,导致了飞船的失控。

星号"飞船被发射升空。在执行这些太空飞行任务期间,宇航员们掌握了飞船对接技术并完成了太空行走,他们还经常创造飞船飞行高度和飞船逗留时间的新纪录。在这期间,宇航员和技术人员还解决了许多在太空飞行的过程中遇到的实际问题,从而为"阿波罗号"太空计划的推出铺平了道路。

▶ "双子星号"宇宙飞船的外表是什么样的?

同"水星号"宇宙飞船相比,"双子星号"宇宙飞船的体积更大,它可以容纳两位宇航员。"双子星号"宇宙飞船还配有可操纵的推进器。所以,这个飞船可以完成变轨、飞船对接等任务。此外,宇航员还可以精确地控制飞船返回地球大气层和飞船着陆等环节。虽然,"双子星8号"宇宙飞船险些遇到灾难,但是"双子星号"航天项目从整体上看还是相当成功的。

▶ "双子星号"航天项目取得了哪些成绩?

"双子星号"航天项目取得的众多成绩包括:第一次实现了美国人的太空行走;将飞船飞行高度的记录提高到海平面以上850多英里(1 370多千米);创纪录地在太空中飞行了14天;首次完成了两艘宇宙飞船的对接。

"阿波罗号"航天任务

▶ 一共进行了多少次针对月球的航天任务?

1958年以来,60多个航天器在被发射升空以后飞向了月球。它们当中的绝大多数航天器是不载人的航天器。在这些宇宙飞船当中,有的针对月球进行了近天体探测飞行,有的在进入轨道以后开始围绕月球飞行,有的连续数月或连续数年向地球传回了月球表面的重要信息,还有的完全错过了目的地而最终不得不围绕太阳旋转。此外,还有一些以月球为目的地的宇宙飞船在月球的表面以撞击的方式实现了着陆或者实现了软着陆,它们为人类收集了大量的月球土壤标本和其他科学数据。在所有的探测月球的航天器当中,最著名的是"阿波罗号"载人飞船。

 在"阿波罗号"太空探测计划中一共进行了多少次航天飞行?

在"双子星号"太空探测任务结束的两个月之后,美国人就完成了"阿波罗号"太空探测计划的第一次航天发射。"阿波罗号"太空探测计划标志着美国人的登月梦想达到了顶峰。10年来,美国人一直渴望将地球人送往月球的表面并让他们安全地返回地球。"阿波罗-11号"是第一个将人类带到月球表面的航天器,它是在1969年7月16日被发射升空的,宇航员尼尔·阿姆斯特朗(1930—　)和巴兹·奥尔德林(1930—　)在那一年的7月20日到达了月球的表面。在此之后,又有6艘"阿波罗号"飞向了月球。在这些飞船当中,只有一艘飞船的飞行没有成功。在"阿波罗-17号"返航以后,由于美国的财政紧缩政策和美国太空探索计划重心的转移,计划中的3次"阿波罗号"太空之旅被取消了。

◉ 在人类积极探索月球的时期,美国发射了哪些月球探测航天器?

　　美国的月球探测计划包括许多月球探测任务。"阿波罗号"载人飞船的宇航员实现了人类的第一次登月,也标志着美国的月球探测计划达到了顶峰。1959年3月,随着"先锋4号"完成了针对月球的近天体探测飞行,"先锋号"系列月球探测器也达到了探测活动的顶峰。在"流浪者号"月球探测项目中,美国人一共向月球发射了9个太空探测器。最后一组太空探测器(也就是"流浪者7号""流浪者8号"和"流浪者9号")是在1964年和1965年被发射升空的,它们在撞击月球表面并着陆之前向地球传回了大量月球表面的翔实图片。

　　在1965—1968年间,美国又针对月球发射了十几个太空探测器。其中,"月球轨道号"飞船在进入预定轨道以后开始围绕月球飞行,而"勘测者号"飞船在月球的表面实现了软着陆。这些航天器所收集的关于月球的大量重要信息,帮助航天技术人员为后来的"阿波罗号"载人飞船计划了飞行路线并选择了着陆地点。

▶ 针对月球实施的"阿波罗号"太空探测计划取得了哪些成绩?

在1967—1972年间,"阿波罗号"太空探测计划是美国整个太空探测计划的重点。"阿波罗-11号"在1969年7月20日在月球的表面着陆。在"阿波罗号"航天器的帮助下,一共有12个人实现了自己的登月梦想。通过"阿波罗号"太空探测计划,人类又获取了大量与月球有关的新信息。同时,宇航员还将重达842磅(382千克)的月球岩石样本带回了地球。"阿波罗号"太空探测计划向世人证明:人类有可能在宇宙中的其他天体上落足,当然前提是那里虽然有待开发但是并不贫瘠。

▶ "阿波罗号"宇宙飞船是什么样的?

"阿波罗号"宇宙飞船包括指挥舱、服务舱和月球舱3部分。其中,指挥舱是航天员在飞行中生活和工作的座舱;服务舱里装载着各种物资和设备;月球舱可以与飞船的其他部分实现分离并降落在月球的表面。工程技术人员一共研制了18艘"阿波罗号"宇宙飞船,其中有3艘是用于不载人航天飞行的,另外15艘是用于载人航天飞行的。"阿波罗号"系列宇宙飞船的发射是由"土星5号"火箭来实施的。"土星5号"火箭是沃纳·冯·布劳恩设计的。迄今为止,这枚火箭也是成功运行的动力最强的火箭。

▶ 早期的"阿波罗号"宇宙飞船取得了哪些成绩?

在1967—1968年,3艘不载人的"阿波罗号"宇宙飞船进行了试验飞行。第一艘被成功发射的"阿波罗号"载人飞船是"阿波罗-7号",1968年10月11日被发射升空,3名宇航员乘坐这艘飞船绕地球飞行了11天。2个月以后,"阿波罗-8号"的宇航员成为第一批摆脱地球引力的人,他们乘坐飞船围绕月球飞行。"阿波罗-9号"和"阿波罗-10号"在1969年初完成了航天飞行,它们实际上是在为7月份的登月太空活动做最后的准备。

"阿波罗-11号"的宇航员分别是:(从左至右)指挥长尼尔·阿姆斯特朗、指挥舱飞行员迈克尔·柯林斯、月球舱飞行员埃德温·奥尔德林(美国国家航空航天局)。

▶ 在"阿波罗号"系列宇宙飞船执行航天飞行任务期间,哪艘飞船为地球拍摄了那张几乎家喻户晓的照片?

相信大家一定看过一张地球从月球的地平线上升起的照片,这张照片应该是人类历史上最有名的照片之一,它是"阿波罗-8号"的宇航员在围绕月球飞行时拍摄下来的。

▶ "阿波罗-11号"宇宙飞船上有哪些宇航员?

当"阿波罗-11号"完成具有历史意义的月球之旅时,美国宇航员尼尔·阿姆斯特朗(1930—)、埃德温·奥尔德林(1930—)和迈克尔·柯林斯(1930—)与飞船共同见证了这一历史时刻。阿姆斯特朗出生在俄亥俄州,他是美国海军的战斗机飞行员,他获得了太空工程学的硕士学位,并于1962年加入了航天员梯队。奥尔德林是在新泽西州的蒙特克莱尔长大的。他是美国空军的战斗机飞行员。在1963年加入美国国家航空航天局的航天员梯队以前，奥尔德林获得了太空航空学的博士学位。柯林斯曾经就读于美国军事学院，后来作为一名飞行员在美国空军服役，并最终获得了少将军衔。和奥尔德林一样，柯林斯在1963年也加入了美国国家航空航天局的航天员梯队。在乘坐"阿波罗-11号"完成具有历史意义的月球之旅之前，所有3位宇航员均进行过一次航天飞行。其中，阿姆斯特朗乘坐的是"双子星8号"飞船；柯林斯乘坐的是"双子星10号"飞船；奥尔德林乘坐的是"双子星12号"飞船。

 当尼尔·阿姆斯特朗和埃德温·奥尔德林踏上了月球的土地时，他们究竟说了什么？

当尼尔·阿姆斯特朗踏上了月球表面时，他说："这是个人的一小步；但却是人类的一大步。"阿姆斯特朗在回到地球以后强调他当时肯定想在"man"这个单词的前面加上"a"。但是，或许是他当时的确没说出"a"这个单词，或许是在那一瞬间月球上传回的音频信号出现了问题，人们的确没有听到这个"a"。无论如何，阿姆斯特朗后来认为：我们不妨将"a"这个单词用括号括起来，以表明两种可能出现的情况都是正确的。比较起来，埃德温·奥尔德林的话听起来没有些许的含糊之处，他说："凄凉的美丽。"

在"阿波罗-11号"到达月球以后，又发生了什么事情？

当"阿波罗-11号"到达月球以后，尼尔·阿姆斯特朗和埃德温·奥尔德林准备乘坐"鹰号"登月舱到达月球的着陆点。同时，迈克尔·柯林斯继续待在指挥舱里围绕月球飞行。在乘坐"鹰号"登月舱通过了月球表面的"静海"以后，两位宇航员又找到了可以出舱的安全地点。当阿姆斯特朗最终将"鹰号"登月舱降落在月球的表面时，登月舱所携带的燃料只够使用不到1分钟的时间了。

阿姆斯特朗和奥尔德林在月球的表面插上了美国的国旗。然后，他们又进行了几项科学实验并收集了一些月球岩石和土壤的样本。3个小时以后，他们离开了月球的表面。在离开月球表面之前，他们将一块牌子留在了月球上，牌子上写着下面这段话："1969年，行星地球上的人类在这个地方首次踏上了月球，我们为了全人类的和平来到此地"。

▶ 在"阿波罗-11号"之后的月球探测之旅中，还发生了哪些事情？

在具有历史意义的"阿波罗-11号"月球探测之旅之后，"阿波罗号"太空探测项目又进行了6次针对月球的探测飞行，其中的一次探测飞行还险些成为悲剧：在"阿波罗-13号"飞往月球的途中，由于飞船的贮氧箱出现了爆裂，飞船的绝大多数系统都被破坏了。这时，宇航员和地面技术人员在面对困难时所表现出的勇气为飞船带来了运气。当然在此期间，宇航员和地面技术人员也付出了常人无法想象的艰苦努力。结果，"阿波罗-13号"先是成功地围绕月球进行了飞行，然后又利用飞船进行近天体飞行时所产生的引力加速度，将飞船和宇航员送回了地球。虽然飞船最终被彻底地损毁了，但是宇航员却平安地归来了。

"阿波罗号"太空探测项目所进行的另外5次月球探测之旅都进行得非常顺利。在这期间，又有15名宇航员到达了月球，其中10名宇航员还登上了月球的表面。他们进行了各种探测活动，完成了各种地质实验和天文实验，收集了月球的土壤样本和岩石样本，甚至还在月球表面乘坐了"汽车"。

▶ 阿兰·谢波德在执行"阿波罗-14号"航天任务期间在月球的表面进行了什么样的体育运动？

当"阿波罗-14号"在月球表面着陆以后，宇航员阿兰·谢波德击打了一个高尔夫球。结果，由于月球表面的引力较弱，所以正如谢波德所描述的那样，这个高尔夫球"跑到若干英里以外去了"。

▶ **在"阿波罗号"太空探测项目的最后一次任务结束以后又发生了哪些事情?**

在"阿波罗-17号"完成了月球探测任务以后,美国政府由于财政紧张取消了剩余的3次月球探测之旅。从那以后,美国再也没有载人飞船在月球的表面登陆过。

▶ **在月球表面进行了行走的宇航员有谁,他们分别是在什么时候完成这一壮举的?**

表18中列出了曾经将自己的足迹留在月球上的美国宇航员。

表18 在月球表面进行过行走的美国宇航员

名 字	登 月 飞 船	登 月 时 间
尼尔·阿姆斯特朗	阿波罗-11号	1969年7月20日
埃德温·奥尔德林	阿波罗-11号	1969年7月20日
皮特·康拉德	阿波罗-12号	1969年11月19日
阿兰·彼恩	阿波罗-12号	1969年11月19日
阿兰·谢波德	阿波罗-14号	1971年2月5日
艾德加·米切尔	阿波罗-14号	1971年2月5日
大卫·斯科特	阿波罗-15号	1971年7月31日
詹姆斯·欧文	阿波罗-15号	1971年7月31日
约翰·杨	阿波罗-16号	1972年4月21日
查理斯·得尤克	阿波罗-16号	1972年4月21日
尤金·塞尔南	阿波罗-17号	1972年12月11日
哈里森·施密特	阿波罗-17号	1972年12月11日

▶ **什么是"阿波罗-联盟"太空探测任务,这项任务为什么这么有名?**

在"阿波罗号"月球探测计划结束以后,"阿波罗-18号"宇宙飞船被用来执行另一项具有历史意义的任务。1975年7月15日，苏联的"联盟19号"飞船被发射升空，飞船上的宇航员有阿列克谢·利昂诺夫（1934—2019）和瓦列里·库巴索夫（1935—   ）。几小时以后，美国的"阿波罗-18号"飞船也被发射升空，这艘飞船上的宇航员有托马斯·斯塔福德（1930—   ）、文斯·布兰德（1931—   ）和唐纳德·斯雷顿（1924—1993）。"阿波罗-18号"还携带了一个对接舱，它的两端可以分别与"联盟号"和"阿波罗号"实现对接，在"联盟号"和"阿波罗号"之间将会有一个气闸舱。那天晚上，两艘宇宙飞船成功地会合并实现了对接。美国宇航员来到了"联盟号"飞船上，美苏两国的宇航员互相握手的场面被电视直播记录下来。

▶ 为什么一些人始终不相信人类登月这一事实？

心理学家们认为：很多人都有了解秘密、阴谋和某些特定信息的猎奇心理。这就是为什么大约每隔几年就会出现声称人类登月只不过是一个骗局的电视剧或网络传言。虽然这些电视剧和传言都是错误的，但是总有一些人愿意相信它们。

认为人类登月是一个骗局的想法的确可以使我们浮想联翩。但是，客观的事实摆在我们的面前：成千上万的人为了进行这一史无前例的研究项目，共同奋斗了许多年。经过他们多年的努力，终于实现了人类成功登月并安全返回的梦想。能够实现这一梦想，是人类在自然科学和工程学领域所取得的伟大成绩。当然，为了取得这一成绩，人类花费了数十亿美元。无论如何，我们始终认为：人类登月的事实不但激起了人类对太空奥秘的好奇心，而且使人们对那些航天英雄更加肃然起敬。在包括"阿波罗号"太空项目的所有太空探测项目中，人们已将所有的研究成果完整地记录下来。当然，相关人员为此花了成千上万小时的时间并用去了数百万张纸张。我们每个人都可以查阅并研究这些历史记录。

在后来的两天里,两艘宇宙飞船保持着对接的状态。在此期间,两国的宇航员共同进行了航天科学实验。在两艘飞船实现分离以后,"联盟19号"飞船返回了地球,"阿波罗-18号"飞船又继续在轨飞行了3天的时间。最终,两艘宇宙飞船都安全地返回了地球。许多人把"阿波罗-联盟测试项目"当成是美苏两国在太空研究领域的第一次合作,它也标志着始于20世纪50年代的不友好的"太空竞赛"的最终结束。从此以后,人类进入了通过国际合作进行太空探索的新时代。

▶ 在"阿波罗号"太空探测项目结束以后,还有哪些飞船对月球进行过探测,它们有哪些新的发现?

自从"阿波罗号"太空探测项目在20世纪70年代初期结束以来,人类对月球的探测进行得非常缓慢。1990年,日本将两个"穆斯A型"太空探测器发射升空,这两个太空探测器围绕月球进行飞行。但是,它们并没有传回任何数据。1994年,美国发射了"克莱门庭号"太空探测器。结果,这个探测器意外地发现:在月球南极附近的岩石中可能存在冰。后来,美国又在1998年1月发射了"月球勘探者号"宇宙飞船。到1998年3月为止,这艘飞船已经传回了大量数据。飞船传回的数据显示:在月球两极的土层下面可能存在大量的冰。当这艘飞船在1999年完成了探测任务以后,它在地面技术人员的控制下在月球南极附近进行了撞击着陆,结果并没有发现冰的存在。关于月球表面是否存在固态的水资源,科学家们还在继续进行争论。这一问题的答案将直接影响到人类是否可以在将来移居月球。

▶ 既然在月球的表面没有空气和风,被"阿波罗号"的宇航员插在月球表面的旗帜为什么能展开呢?

实际上,被美国宇航员插在月球表面的旗帜的侧面已经被固定在一个垂直的旗杆上了。同时,这些旗帜的上沿被固定在一个水平的横杆上。由于采用了这种固定方式,这些横杆在宇航员拍摄的照片中不容易被注意到。当然,如果你仔细地观察,还是可以发现这些横杆的。当一面旗帜被插在月球的表面时,旗杆的晃动会引起旗帜的临时摆动。由于月球的表面没有减缓这种运动的空气阻力，这种运动会持续相当长的时间。

早期的空间站

▶ 什么是"礼炮号"太空探索项目？

1971年4月19日，苏联发射了"礼炮1号"空间站，这个空间站是世界上第一个空间站。按照技术人员的设计，这个空间站可以搭载3名宇航员在太空飞行3—4周的时间。在1971—1991年，苏联在进行太空探索的过程中一共发射了7个"礼炮号"空间站。这些空间站帮助科学家和宇宙飞船的设计者们了解了在太空中长期逗留的可能性和可能遇到的挑战。

▶ "礼炮号"系列空间站是什么样的？

"礼炮1号"空间站看上去就像一个试管，它的长度为47英尺（14米），最宽处的宽度为13英尺（4米），它的重量是25吨。此外，这个空间站还配有4块太阳能电池板，它们负责为空间站提供电力。整个空间站包括一个工作舱、一个推进系统、一些卫生设备和一个进行科学实验的房间，工作舱也是整个空间站的控制中心。3名宇航员在"礼炮1号"空间站工作了24天的时间。这3名宇航员在1971年6月30日按计划乘坐"联盟11号"飞船开始返回地球。但是，由于"联盟11号"飞船在降落的过程中出现了意外的事故，最终导致这3名宇航员全都不幸遇难。后来设计的"礼炮号"空间站在结构上与"礼炮1号"基本一致，不过技术人员在空间站的许多技术细节上进行了进一步的完善。具体说来，"礼炮4号"的太阳能电池板采用了不同的分布模式，另外，在空间站的一端还配有一台太阳望远镜；"礼炮6号"和"礼炮7号"有两个对接口；"礼炮7号"还是一个标准的"模块式"空间站，也就是说，这个空间站的许多部件可以在发射以后进行补充安装，至于安装哪些部件，主要取决于空间站在设计上的规模和能力。

▶ "礼炮号" 系列空间站为人类的太空探索做出了哪些具有历史意义的贡献?

"礼炮6号" 是在1977年9月29日被发射升空的。在1982年7月以前,这个空间站一直在进行在轨飞行。在这期间,它不但接待了许多组宇航员,而且接收了 "进步号" 不载人飞船带来的数批物资。"礼炮7号" 是在1982年4月19日被发射升空的。和 "礼炮6号" 一样,"礼炮7号" 也接待了许多组宇航员。宇航员在 "礼炮7号" 上最多工作了237天。这个空间站最后一次接待宇航员是在1986年3月,当时在 "和平号" 空间站工作的宇航员访问了这里。"和平号" 空间站的宇航员在 "礼炮7号" 上逗留了6周的时间,然后又回到了 "和平号" 空间站。1991年2月7日,"礼炮7号" 在地球大气层里被烧毁。

▶ 什么是天空实验室?

天空实验室是在1973—1979年间为美国方面完成各种太空任务的空间站。与同时期的 "礼炮号" 空间站相比,这个空间站的体积明显要大得多,它的整体结构一共分为两层。它的长度为118英尺(36米),直径为21尺(6.4米),重量为80吨。在天空实验室里有一个轨道工厂,这里是3名宇航员进行日常生活的场所。天空实验室还包括一个可以多次完成对接任务的对接舱。此外,天空实验室还携带了一个太阳观测台。同时,天空实验室保持着载人空间站飞行高度的最高纪录。具体说来,天空实验室的在轨飞行高度为距离地面270英里(440千米)。

▶ 在美国发射天空实验室的时候,发生了什么情况?

1973年5月14日,天空实验室刚刚被发射就遇到了问题。空间站的微流星罩、隔热罩和一块太阳能电池板被气流冲掉了,而第二块太阳能电池板被堵住了。此外,空间站的电力供应系统也受到了破坏。在天空实验室发射升空11天以后,第一组宇航员不但修复了绝大多数被损坏的系统,而且恢复了空间站的电力供应。这组宇航员在天空实验室工作了28天。在返回地球以前,他们进行了大量的科学实验。

天空实验室是美国的第一个空间站。在1973—1979年间，它的运行一直非常成功。这张照片拍摄于1974年。我们在照片中可以看到：在原有的微流星防护罩被高速气流冲掉以后，一个用于保护空间站的轨道工厂的金色防护罩已经被打开（美国国家航空航天局）。

▶ 天空实验室项目是如何结束的？

在1973—1974年，一共有3组宇航员在天空实验室工作过。他们在太空的停留时间分别为28天、59天和84天。在此期间，他们进行了大量的科学研究。他们特别对太阳这颗恒星进行了研究。此外，他们还进行了生物医学领域的相关研究。在这一领域内，他们主要研究了失重状态对动植物的生命状态会产生怎样的影响。

在第三组宇航员离开以后，空间站进入了驻留轨道进行飞行。根据科学家们最初的测算，天空实验室至少在8年的时间里可以保持这种状态。但是，由于极强的大气引力，空间站在很短的时间内就进入了较低的轨道。美国方面原计划让一架航天飞机在1979年与天空实验室实现对接并将它带入较高的运行轨道。但是，这个航天飞机发射项目被一拖再拖，直到1981年才准备实施。美国方面还曾经计划派一艘不载人的宇宙飞船去营救天空实验室,但是这个计划没有得到美国政府的财政支持。1979年7月11日,天空实验室最终坠落在地球的表面。航天器的碎片从印度洋中部一直散落到澳大利亚境内。

 人类如何利用"和平号"在太空中进行国际合作?

在1991年苏联解体以前,"和平号"空间站的运行一直是由苏联单独进行管理。由于资金紧张,接管"和平号"的俄罗斯政府一直在为这一太空科学项目寻找资金支持和技术支持。1993年,俄罗斯政府和美国政府达成协议:为了建立一个新的国际空间站,两国将分享它们的设备资源和技术资源。从此以后,"和平号"空间站成为新空间站的设计原型和实验场所。许多航天飞机与"和平号"空间站实现了对接。这样一来,美国宇航员就可以在"和平号"上停留较长的时间。在此期间,他们可以从俄罗斯宇航员那里学习到许多关于如何在太空中生活的经验。

在整个航天飞机与"和平号"空间站对接的项目当中,一共有11架航天飞机与"和平号"空间站实现了对接。从1995年3月起,7名美国宇航员一共在"和平号"空间站停留了28个月的时间。此外,其他国家的宇航员也访问了"和平号"空间站。这一切都为在太空中真正实现国际合作奠定了基础。

▶ 什么是"和平号"空间站?

"Mir"一词在俄语中意为"和平"。在1986—2001年,"和平号"空间站一直是苏联管理的空间站(在苏联解体以后,它被俄罗斯政府接管)。在发射的时候,"和平号"还只是一些可以拼装的太空舱,这些太空舱在太空中的组装几乎是一次完成的。1986年,苏联将"和平号"的第一个太空舱("核心舱")从位于哈萨克斯坦境内的拜科努尔航天发射场发射升空。到1996年,"和平号"的第七个太空舱(也是最后一个太空舱)被组装完毕。此时的"和平号"看上去很像一个拥有很多辐条的圆柱体。具体说来，它的长度有100多英尺（30多米），它的质量有120多吨，它的空间有1万多立方英尺（280多立方米）。

▶ "和平号"空间站由哪些部分组成？

"和平号"空间站的主体由4部分构成，即对接舱、生活区、工作区和推进舱。在对接舱里有电视设备、电力供应设备和5个对接口。整个飞船系统一共有6个对接口，另一个对接口位于飞船的推进舱内，推进舱位于"和平号"空间站的一端，它主要用于与不载人的燃料补给飞船进行对接。在没有进行增压的推进舱内还有火箭发动机、供给的燃料和加热系统。工作区是整个飞船的神经中枢，这里包括了飞船的导航系统、通信系统和电力控制系统。

随着越来越多的太空舱被组装到"和平号"空间站上，空间站不但质量越来越重，而且功能越来越全。1987年，一个包括紫外线望远镜、X射线望远镜和伽马射线望远镜的天文台舱被组装到"和平号"空间站上。1989年，一个包括两块太阳能电池组合板和一个气闸室的太空舱被组装到"和平号"空间站上。1990年，一个科学实验舱被组装到"和平号"空间站上。1995年，又有两个太空舱被组装到"和平号"空间站上，这其中包括一个由"亚特兰帝斯号"航天飞机运送到太空的对接舱。1996年，一个地球远程遥感舱被组装到"和平号"空间站上。

▶ "和平号"空间站是如何完成自己的历史使命的？

到1997年为止，"和平号"空间站已经将自己的设计使用寿命增加了1倍多。根据技术人员们最初的设计，"和平号"空间站将在太空飞行5年的时间。由于长期的使用，整个飞船系统的性能开始下降，有时甚至出现了预警信号。到1997年6月时，飞船出现的各种问题变得越来越频繁，这其中包括：一次意外的火灾、冷却系统出现的一次防冻液泄露、与太空货运飞船发生的一次碰撞、一次电脑系统故障等。1999年8月28日，在"和平号"空间站工作的宇航员返回了地球。这也是"和平号"空间站在将近10年的时间里第一次出现没有宇航员工作的情况。

2000年4月4日，两位宇航员又回到了"和平号"空间站，他们负责评估飞船当时的状态和未来的前景。在他们于6月16日离开了"和平号"空间站以后，就再也没有宇航员访问过"和平号"空间站。为了保证生活在地球上的人们的安全，有关方面发射了一枚不载人的火箭。飞行控制人员利用这枚火箭将"和平号"空间站带回了大气层并最终使它离开了运行轨道。2001年3月23日，"和平号"空间站在重新进入地球大气层的过程中被烧毁，斐济群岛上空的夜空都被照亮了，燃烧后的残骸最终没有给人类带来任何危害，它们都散落到太平洋南部的海域当中。

航 天 飞 机

▶ 什么是航天飞机项目？

太空运输系统（STS）也被称为航天飞机项目，它是美国国家航空航天局推出的主要的载人太空探索项目。航天飞机是在20世纪70年代设计的，这种可以反复使用的飞船系统既具有宇宙飞船的特点，又具有飞机的特点。它可以频繁地将宇航员和货物运送至低地球轨道然后再返回地球。到目前为止，航天飞机一共执行了120多次飞行任务。当然，美国利用航天飞机进行太空探索的过程并非是一帆风顺的。在此期间，美国方面除了经历了费用超支问题以外，还经历了两次令人伤心的航天悲剧。尽管如此，航天飞机项目还是在人类的太空飞行史上创造了巨大的成功。它不仅帮助科学家和工程技术人员了解了未来的太空生活，还让他们领略了往返于地球和太空之间的星际旅行。

▶ 航天飞机包括哪些组成部分，它的工作原理又是怎样的？

航天飞机的组成部分包括一个液体燃料贮箱、两个固体火箭助推器（SRBs）和一个轨道器。在航天飞机刚刚被发射升空时，轨道器和火箭助推器与燃料贮箱并没有分离，燃料贮箱还可以为轨道器的3个主发动机提供燃料。当航天飞机升空几分钟以后，固体火箭助推器的燃料将被耗尽，它们会与燃料贮箱分离并坠入大海。降落伞系统会减缓固体火箭助推器的下落速度，以保证它们可以被

"亚特兰蒂斯号"航天飞机结束了与"和平号"空间站的对接(美国国家航空航天局)。

回收并用于将来的发射。在进入低地球轨道之前，轨道器和燃料贮箱并没有分离。当燃料贮箱中的燃料被用完以后，燃料贮箱会与轨道器分离。不过，它将不能被回收利用，而是在大气层里被烧毁。接下来，搭载宇航员的轨道器将会继续飞行并最终完成航天任务。轨道器是一个长度为184英尺（56米）的飞船，这个飞船除了包括发动机和火箭助推器以外，还包括最多可以容纳8名宇航员的生活舱和工作舱。此外，它还包括一个足以容纳一台体积较大的校车的货舱。技术人员根据空气动力学原理设计了航天飞机，拥有机翼的航天飞机在返回地球时可以进行滑行，航天飞机降落时所使用的跑道要有足够的长度，这种跑道完全可以满足巨型喷气式商用飞机的起降。

▶ 航天飞机项目一共包括多少架航天飞机？

　　航天飞机项目一共包括6架航天飞机。第一架航天飞机被称为"企业号"，由于这架航天飞机主要用于试验，所以它并没有被发射升空。不过，试验证明：这架航天飞机完全可以成功起飞、平稳滑行并安全降落。第一架被发射升空的航天飞机是"哥伦比亚号"，它在1981年4月12日被首次发射升空，并于4月14日安全地返回了地球，当时执行飞行任务的宇航员是约翰·杨（1930—　　）和罗伯特·克里彭（1937—　　）。接下来，"挑战者号""发现号""亚特兰蒂斯号"和"奋进号"分别在1983年4月14日、1984年8月30日、1985年10月3日和1992年5月7日被发射升空。

 与航天飞机有关的航天悲剧有哪些？

　　1986年1月28日，"挑战者号"航天飞机在发射的过程中出现了意外的事故，7名宇航员全部遇难。2003年2月1日，"哥伦比亚号"航天飞机在重新进入地球大气层以后发生了解体，结果7名宇航员全部遇难。按计划，航天飞机项目将在几年之内结束，美国方面也不会再建造新的航天飞机了，目前只剩下3架可以使用的航天飞机。

当代天文学

天文学的测量单位

什么是天文单位?

天文单位（AU）是指地球与太阳之间的平均距离。一个天文单位大约相当于9 300万英里（14 960万千米）。绝大多数的天文学家认为1 AU=15 000万千米。更具体点说：水星与太阳之间的距离大约为0.4个天文单位；冥王星与太阳之间的距离大约为50个天文单位；半人马座阿尔法星系与太阳之间的距离大约为27万个天文单位，这个星系中包括了离太阳最近的恒星。

天文学家们如何来测算宇宙的空间和距离?

由于在天文研究中使用卷尺来进行测量实在是不方便，所以天文学家们采用了其他的方法。目前最为常见的方法是利用视差和"标准蜡烛"来进行天文测算，造父变星就是人们经常使用的天文测算工具。在进行天文测算的过程中，人们除了使用地球上的标准长度单位（如米和英里）以外，还创造了一些专门用来进行宇宙测算的特殊的单位，例如天文单位（AU）、光年和秒差距。

天文单位最初是如何被研究出来的?

意大利天文学家吉安·多米尼克·卡西尼（1625—1712）是

第一位比较精确地测算出天文单位长度的天文学家。同时，卡西尼还因为研究了土星环而闻名于世。卡西尼首先测算出火星的视差，他的结论不仅参考了自己在巴黎进行天文观测所获得的数据，而且参考了同事让·里歇尔在南美洲进行天文观测所获得的数据。卡西尼利用火星的视差首先计算出地球与火星之间的距离，进而计算出地球与太阳之间的距离。根据卡西尼的测算结果，地球与太阳之间的距离大约略少于8 700万英里（14 000万千米）。与正确的数值相比，卡西尼测算出的数值存在不到10%的误差。地球与太阳之间的实际距离为9 300万英里（14 960万千米）。

▶ 什么是光年？

1光年是一束光线在1年的时间里在真空中穿行的距离。由于光线在真空中每秒大约会运行18.6万英里（30万千米），而一年大约有3 150万秒，所以1光年大约相当于5.88万亿英里（9.47万亿千米）。

▶ 什么是秒差距？

"parsec"一词是"parallax arcsecond"的简写形式。如果以地球的公转轨道的宽度为基线，距离为1秒差距的物体将会拥有1角秒的视差。这一距离大约相当于19万亿英里（31万亿千米），也就是大约3.26光年。

▶ 什么是千秒差距和百万秒差距？

千秒差距（简写为"kpc"）就是1 000秒差距，百万秒差距（简写为"Mpc"）就是100万秒差距。具体来说，位于银河系盘状物区域内的恒星之间的距离通常为几秒差距；银河系盘状物区域的直径大约为30千秒差距；而银河系与仙女座星系之间的距离大约为0.7百万秒差距。

▶ 什么是天体测量学？

天体测量学既包括对天体位置的测量（静态天文学）也包括对天体运动的

测量（动态天文学）。了解天体在宇宙中是如何处于运动状态和静止状态的，对于天文学研究是极为重要的。例如，对位于地球附近的小行星的天体测量，可以帮助我们确定是否会有来自太阳系的天体撞击地球；对恒星的天体测量，可以帮助我们了解太阳系在银河系中的运动状况。此外，天体测量学对于确立日常生活和科学研究的时空参考模式有着极其重要的意义。例如，美国海军天文台不断地测算和记录下太阳、月球及其他行星和恒星的运动轨迹，然后将这些数据传给航海天文历编制局，该机构将与英国政府合作出版《航海天文历》。每年都会出版的《航海天文历》成为航海、勘探和科研的常用参考书。

▶ 什么是视差，它的原理是什么？

视差就是利用三角测量的方法来测量距离。当人们从两个不同的观测点

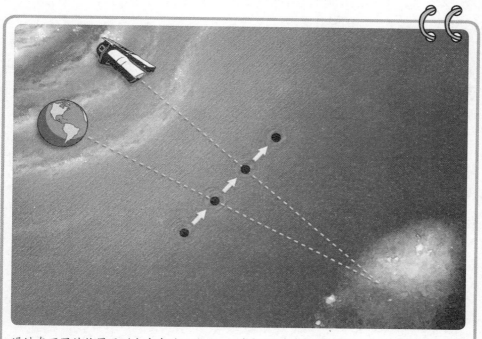

通过在不同的位置观测太空中的天体，天文学家们可以确定我们与它们之间的距离。例如，天文学家们既可以在地球的表面对某一天体进行天文观测，又可以利用太空望远镜对同一天体进行天文观测〔美国国家航空航天局／美国宇航局喷气推进实验室–加州工学院／T. Pyle（SSC）〕。

观测同一个物体时，这个物体看上去好像发生了相对运动。具体到天文研究中，我们会发现当地球围绕太阳运转时，它的位置相对移动可以达到18 600万英里（30 000万千米）。所以，当我们对恒星等遥远的天体进行天文观测时，我们可以选择两个完全不同的观测点。对天体位置明显变化的测量被称为视差。一旦我们知道了某个天体的视差，我们就可以计算出我们与该天体之间的距离。

什么是"标准蜡烛"？

"标准蜡烛"是指无论出现在宇宙的什么地方都会拥有同样亮度的天体。也就是说，它们的能量输出是始终不变的。大家可以在脑海中想象一个手电筒，无论这个手电筒被放置在哪里，它的红色灯泡都产生100瓦的亮度。在这种情况下，一个人在夜间可以通过测算红色灯泡的亮度来计算他与手电筒之间的距离。

然而，宇宙中可以作为"标准蜡烛"的明亮天体并不多。例如，那些红色恒星在亮度方面会有很大的区别。由于宇宙中某些天体过于遥远，我们无法利用视差的方法来测算它们的距离。所以，能否找到可以作为"标准蜡烛"的明亮天体对于测算遥远天体的距离是极为重要的。

▶ 在天文研究中最重要的3种"标准蜡烛"是什么？

在天文研究中最重要的3种"标准蜡烛"分别是天琴RR型星、造父变星和Ia型超新星。每一种"标准蜡烛"可以被用来测量不同的距离范围。天琴RR型星是一些历史比较久远的恒星，它们的距离最远可以达到大约100万光年；造父变星是一些历史相对较短的恒星，它们的距离最远可以达到大约1亿光年；Ia型超新星是巨大的恒星爆炸的产物，它们的距离最远可以达到几十亿光年。

▶ 谁发现了被称为"造父变星"的"标准蜡烛"？

美国天文学家亨丽爱塔·斯旺·勒维特（1868—1921）曾在位于马萨诸塞州剑桥的哈佛大学天文台工作。1904年，勒维特注意到仙王星座的某一颗恒星的亮度会发生有规律的变化。经过仔细地研究，勒维特进一步发现这颗恒星的亮度变化规律遵循了一种可以预期的"锯齿模式"。后来，勒维特还发现了具有相同的"锯齿模式"的变星。由于第一颗此类的变星是在仙王星座中发现的，所以此类变星被命名为"造父变星"。

1913年，勒维特和丹麦的天文学家埃希纳·赫茨普隆（1873—1967）共同研究出造父变星的变化规律。他们发现：造父变星的亮度经过一个变化周期所需要的时间与这颗恒星的最大亮度之间有着某种数学联系，这种联系通常被称为"周光关系"。正是由于造父变星具有这种特殊的规律性，所以人们才可能把造父变星当作一种"标准蜡烛"。也就是说，如果我们了解了一颗造父变星的亮度，就可以测算出它的亮度变化周期，进而计算出它与所在恒星或所在天体之间的距离。

▶ 埃德文·哈勃如何利用造父变星来测算宇宙中的距离？

在20世纪初的时候，人们还不知道所谓的"螺旋星云"究竟是在银河系以内还是在银河系以外。1924年，美国天文学家埃德温·鲍威尔·哈勃（1889—1953）开始使用加利福尼亚州威尔逊山天文台的100英寸（2.54米）"胡克天文望远镜"研究螺旋星云。经过许多个月的研究，哈勃在仙女星座最大的螺旋星云中发现了数百颗造父变星。哈勃利用造父变星特有的"周光关系"规律，计算出仙女星座中的螺旋星云至少距离我们100万光年，这一距离要远远超过银河系与我们之间的距离。同时，如果我们能够观测到这么遥远的仙女星座，只能说明它的直径已经达到了数千光年。因此，哈勃得出结论：所谓的仙女座"螺旋星云"实际上就是仙女座星系；宇宙中实际上有许许多多距离我们数百万光年的星系。

天文望远镜方面的基础知识

▶ 什么是望远镜？

一般来说，望远镜就是利用一种可以成像的方法来收集遥远光源发出的光线的设备。最初的望远镜是将玻璃透镜固定在可以手持的圆柱体或圆筒状结构的表面。今天的望远镜拥有不同的制作工艺。人们可以将它们与其他的科学设备共同使用，从而对宇宙进行全方位的研究。

▶ 是谁发明了望远镜？

17世纪初，在荷兰有一位眼镜制造商名叫汉斯·利伯希（约1570—1619）。

自从伽利略时代以来，望远镜在制作工艺方面已经有了很大的进步。现在，人们利用一台儿童望远镜就可观测土星和仙女星座，实际的观测效果甚至好于早期的望远镜（iStock）。

利伯希发明了第一台望远镜。然而，在那段时间内有许多人都在进行同一领域的研究。到1609年的时候，伽利略·伽利莱（1564—1642）至少已经制成了两台望远镜，伽利略将自己研制出的望远镜用于天文学研究。

▶ 天文学家们利用天文望远镜可以进行怎样的天文研究？

首先，天文学家们可以利用天文望远镜和太空探测器拍摄大量的太空照片。接下来，天文学家们利用这些照片进行各种天文测算。天文学家们除了可以利用天文望远镜来研究宇宙中各种天体的形状和体积以外，还可以利用天体测量学、光度测定学、光谱学和干涉量度学等方法来研究宇宙中的各种天体，只不过这些常用的方法使用起来稍微复杂一些。

▶ 望远镜主要包括哪两种类型？

望远镜主要包括折射望远镜和反射望远镜两种类型。折射望远镜是利用透镜来收集光线，而反射望远镜是利用镜面来反射光线。早期的望远镜都是折射望远镜，今天的绝大多数望远镜都是反射望远镜，这主要是因为：由于大型的透镜使用了大量的玻璃，所以折射望远镜很容易在短时间内发生变形。

▶ 在天文学的发展史上，望远镜的天文观测结果是如何被记录下来的？

最早的天文学家只能用肉眼观测太空。伽利略、惠更斯和牛顿等天文学家首先使用了望远镜，他们会细心地将天文观测结果画在纸上。随着科技的发展，出现了用于记录天文观测结果的新方法。从19世纪开始，天文学家们开始将天文观测数据记录在底片上，这种方法一直被沿用了100多年。在20世纪晚期，光电探测器和利用计算机技术的数码照相机彻底取代了底片。今天使用的几乎所有天文望远镜都利用这种技术来记录天文观测数据。

⊙ 什么是施密特望远镜?

施密特望远镜是德国的眼镜制造商伯哈德·施密特（1879—1935）发明的。这种望远镜拥有一个主镜面，它是负责收集光线的主要部件。此外，这种望远镜的形状是经过特殊设计制成的，它可以保证观测者在同一时间内观测到面积较大的太空区域。由于照相机拥有"鱼眼镜片"，所以照出来的影像会发生扭曲。为了对照出来的影像进行及时的纠正，可以在镜面的前边放置一些特制的薄镜片。施密特设计出来的望远镜既利用了光线的折射又利用了光线的反射，这种望远镜已经成为获取太空广角照片的理想工具。实际上，天文照相机也采用了这种望远镜的技术原理。

⊙ 世界上体积最大的施密特望远镜被放置在哪里，它的主要用途是什么?

世界上体积最大的施密特望远镜是奥斯钦望远镜，它被放置在位于加利福尼亚州帕洛马山的帕洛马天文台，它的直径为48英寸（122厘米）。在1952—1959年，这台望远镜被用于进行"帕洛玛光学天图"的研究，这是人类第一次大规模地研究整个北部天空（和部分南部天空）的天图。从那以后，人们开始利用数码照相机技术来进行相关研究。此外，人们还利用天文望远镜来寻找柯伊伯带和奥尔特云内的天体。实际上，人们已经利用奥斯钦望远镜在柯伊伯带内发现了许多巨大的天体，例如塞德娜、夸欧尔和2003 UB 313（它的体积比冥王星还大）。塞德娜是人类在奥尔特云内发现的第一个天体。人类之所

位于加利福尼亚州的帕洛马天文台拥有世界上最大的施密特望远镜，它的主镜面的直径为48英寸（1.219 2米）（iStock）。

以能够发现这个天体，也要归功于奥斯钦望远镜。

▶ 世界上体积最大的折射望远镜被放置在哪里？

世界上体积最大的折射望远镜被放置在位于威斯康星州的叶凯士天文台。这台建造于1897年的望远镜一直被沿用到今天，它的主透镜的直径为40英寸（102厘米）。所有体积比这台望远镜大的天文望远镜都是反射望远镜。此外，所有在19世纪末以后建造的天文望远镜也都是反射望远镜。

▶ 世界上最大的反射望远镜在哪里？

现代反射望远镜镜面的直径可以达到355英寸（8.4米），许多望远镜主镜面的直径都可以达到这一长度。例如，位于夏威夷冒纳凯亚山的昴星望远镜和双子星北座望远镜，还有位于智利塞隆·帕切翁山的双子星南座望远镜。

体积最大的望远镜是由许多小的镜面构成的。由这些小镜面构成的光学系统等同于只拥有一个巨大的镜面的望远镜。位于夏威夷冒纳凯亚山的"凯克1号"和"凯克2号"望远镜分别拥有36个六边形的镜面，这些镜面组合在一起相当于一台直径为394英寸（10米）的望远镜。当位于亚利桑那州格雷安山的大型双筒望远镜彻底完工时，它在一个底座上将拥有两个8米的镜面，这就相当于一台直径为440英寸（11.2米）的望远镜。位于智利塞隆·帕拉纳的极大型望远镜实际上是由4台望远镜构成的，每台望远镜的直径为8米，这几台望远镜被并排放置在同一座山的顶峰。根据人们的设计，这4台望远镜既可以单独进行工作，又可以共同进行工作。当它们共同进行工作时，它们就相当于一台直径为630英寸（16米）的望远镜。

▶ 到目前为止，人类在陆地天文台和太空天文台所进行的最著名的天文巡天活动有哪些？

自从20世纪中叶以来，人类已经进行了多次大范围的巡天活动。表19中列出了一些重要的巡天活动。

表19　重要的天文巡天活动

巡天活动的名称	巡天活动的日期	巡天活动的特点
NGS-POSS	1948—1958	在加利福尼亚州的帕洛马山进行摄影巡天
红外线天文卫星	1983	第一次在整个天空的范围内进行远红外线巡天
COBE-DMR	1989—1992	第一次在整个宇宙的微波背景下进行巡天
美国国家无线电天文台	1993—1996	利用位于新墨西哥州的甚大天线阵对太空中的连续辐
甚大天线阵巡天望远镜		射进行无线电巡天
FIRST	1993—2003	利用位于新墨西哥州的甚大天线阵进行分辨率很高的连续无线电巡天
哈勃深空	1995,1998	利用哈勃太空望远镜对太空的两个小区域进行多天成像
HIPASS	1997—2002	从澳大利亚境内对原子氢气体进行无线电巡天
2微米全天巡天	1997—2001	在整个天空的范围内进行红外线巡天
斯隆数字巡天	2000—2005	在新墨西哥州的沙加缅度山的顶峰进行数字巡天
哈勃超深空	2003—2004	获得关于太空的最深度的图像
宇宙演化巡天观测	2004—2007	利用哈勃太空望远镜进行了范围最广的巡天活动

"冒纳凯亚天文台"位于夏威夷岛海拔4 200英尺（1 260米）的休眠火山的山顶，它包括"凯克1号"和"凯克2号"望远镜（iStock）。

摄影技术和光度测定

▶ 谁首先在天文研究中使用了摄影技术？

英国天文学家威廉·哈根斯（1824—1910）是首先将摄影技术应用于天文研究的天文学家之一。为了能够记录下天文研究的图像，哈根斯将摄影用的底片进行了长时间的曝光，曝光时间可达几分钟甚至几小时。此外，他还研究出如何利用摄影用的感光乳剂来增加胶片对红外光和紫外光的敏感度。

▶ 什么是光度测定？

光度测定是指对天体的光度（或者被称为通量或亮度）和颜色进行天文测量。光度的强度是指在一定的时间内到达地球某个区域的光能的数量。换句话说，就是指这一区域看起来有多明亮。测量光度强度的常用单位包括"每秒每平方厘米的尔格数"，光度强度也可以通过视星等来衡量。

▶ 在现代天文研究中，人们如何来进行光度测定？

在现代天文研究中，人们一般使用光电探测器或电荷耦合器件（即CCD）来进行光度测定。人们还利用滤光器来控制被测量的光线的波长和颜色。这样一来，天文学家们对光度数据进行科学分析的能力就得到了加强。

绝大多数的光度数据是通过能够产生标准通频带的滤光器获得的。所谓通频带，就是指光线的明确的波长范围。例如，当天文学家们提到"V"通频带时，它们是指波长范围介于500～600毫微米之间的通频带，它们包括了蓝绿色的光线、绿色的光线和黄色的光线。当全世界的天文学家们都使用常用的通频带来进行光度数据的比较研究时，它们的研究效率会大大地提高。

天文数码摄像机的工作原理是什么?

今天人们在天文研究领域所使用的数码摄像机与人们在数码产品商店购买的数码照相机拥有相同的基本工作原理。进入摄像机的光线会被记录在一个叫"电荷耦合器件(简称为CCD)"的装置上。当曝光完成以后,电子系统会将CCD上存储的信息上传给一个记录装置,例如,电脑的记忆棒或硬盘。

由于行星、恒星和星系等天文光源离我们非常遥远,所以它们发出的光线非常暗。因此,我们用普通的摄影设备无法对它们进行研究。为了在最大程度上传递光线,人们在天文望远镜中使用了特殊的光学部件,例如特殊的CCD装置,这种装置在探查光线方面效率特别高。整个的摄像机设备被放置在一种被称为"杜瓦瓶"的容器中进行低温冷却处理,经过处理以后设备的温度可以达到零下几百华氏度。以上这些措施可以帮助天文学家们研究大量光线暗淡的天体,这些天体在亮度方面比我们用普通摄像机捕捉到的天体要暗几百万倍或几十亿倍。

当天文学家们提到天体的"颜色"时,他们指的是什么?

在天文学中,天体的"颜色"是指该天体发出的光线在不同的通频带中进行测量时亮度数值的比值。例如,光线分别在"U"通频带和"B"通频带测量出的亮度的比值被称为"(U-B)",这一比值可以用来衡量任何天体的"颜色"。当波长较短的通频带与波长较长的通频带之间的比值较高时,我们就认为该天体的颜色"较蓝";当这一比值较低时,我们就认为该天体的颜色"较红"。

通常情况下,天文学家们针对恒星和星系等天体所进行的光度测量是在不止一个通频带的范围内进行的,所以天体往往会呈现出不同的"颜色"。例如,天文学家们可以在(U-B)通频带、(B-V)通频带、(V-R)通频带和(R-K)通

科学家们在现代天文研究中经常使用的标准通频带有哪些?

为了实现科学研究的某些目标,天文学家们根据独特的滤光组合特征确定了某些特定的通频带。例如,科学家们在可见光和红外光范围以外进行光度测定研究时,就确定了某些特定的通频带。不过,科学家们经过多年的研究,又确定了适用于各种天文研究的一系列的通频带。这些标准通频带所包含的光度测定体系,已经被广泛地应用于今天的天文研究当中。例如,为了在可见光的范围内测定天体的光度,天文学家们会经常使用"U"通频带("近紫外光",是指波长范围介于300～400毫微米之间的光线)、"B"通频带("蓝光",是指波长范围介于400～500毫微米之间的光线)、"V"通频带("可见光",是指波长范围介于500～600毫微米之间的光线)、"R"通频带("红光",是指波长范围介于600～700毫微米之间的光线)和"I"通频带("近红外光",是指波长范围介于700～900毫微米之间的光线)。此外,用于红外天文观测的标准通频带分别被称为"Z"通频带、"J"通频带、"H"通频带和"K"通频带。

频带的范围内研究某个星系的"颜色",然后将相关的信息综合起来,从而了解该星系的重要特征。

遥远天体的"颜色"如何反映出它们的特征?

任何温度高于周围环境的天体都可以通过"颜色"来反映它的温度特征。例如,在(U–B)通频带和(B–V)通频带内,"较蓝"的天体显然要比"较红"的天体温度高。"颜色"还可以帮助天文学家们确定恒星的光谱类型。具体说来,"O型"恒星的光球层温度最高,"B型"恒星紧随其后,接下来分别是"A型"恒星、"F型"恒星、"G型"恒星和"K型"恒星,而"M型"恒星的光球层的温度最低。

对于星系和星团这样的天体而言，由于它们是由大量的恒星构成的，所以研究它们的"颜色"可以帮助天文学家们分析不同类型的恒星所产生的光线的数量。如果一个遥远星系的颜色"较蓝"，这个星系可能包含比较多的炙热恒星；如果一个遥远星系的颜色"较红"，这个星系可能包含比较少的炙热恒星。

光　谱　学

▶ 什么是光谱学？

光谱学是指为了研究光源的物理特性将光线分解成不同颜色的过程。光源所产生的颜色的具体分布被称为光谱。同光度测定研究一样，光谱研究也要进行得非常详细。进行光谱研究时所选择的通频带的范围相对较小，其宽度通常为几毫微米、一毫微米的十分之几甚至更小。

光谱中的颜色要比我们所熟悉的彩虹的7种颜色复杂得多。众所周知，彩虹包括七种颜色，它们分别是：紫色、紫蓝色、青色、绿色、黄色、橘黄色和红色。当原子结构或分子结构与光源释放出的光线发生相互作用时，光线中的某些颜色被加重了，而另一些颜色被减轻了，整个光谱结构也发生了重大的改变，这种变化可以让天文学家们推断出光源的物理特性。同时，这种变化还可以帮助天文学家们了解位于地球和该光源之间的星际介质。今天，光谱学已经成为天文学家们为了解宇宙而采用的最重要的数据分析方法之一。

▶ 谁在天文研究中首先使用了光谱学？

德国物理学家古斯塔夫·罗伯特·基尔霍夫（1824—1887）与化学家罗伯特·本生（1811—1899）合作研究出如何利用光谱学来识别化学元素。罗伯特·本生因为发明了本生灯而闻名于世。当一种原子结构或分子结构与光线发生相互作用时，都会产生一种独特的颜色分布，这就好比超市中的每一种商品都拥有与众不同的识别条码一样。基尔霍夫经过实验证明：当光线穿过气态物质时，如果气体的温度相对较低，气体中的原子结构或分子结构就会吸收一定的光线；如果气体的温度相当高，气体中的原子结构或分子结构就会散发一定的光线。通过对遥远的光源进行光谱测量，我们可以发现气体产生的较暗的"吸收线"和较亮的"散发线"。这一现象同时也可以让我们了解气体的原子结构或分子结构的类型以及它们周围的物理环境。基尔霍夫提出的光谱学定律为天文学家们进一步研究遥远天体发出的光线奠定了基础。

基尔霍夫还在自己的实验室里研究了大量的化学元素和化合物的光谱特征。他还研究了恒星的光谱特征。英国天文学家威廉·哈根斯（1824—1910）根据基尔霍夫的研究成果，并结合摄影技术，记录下那些遥远暗淡的恒星的光谱特征，从而开启了天文研究的新纪元。今天，人们把哈根斯称为"恒星光谱学之父"。

▶ 光谱学是如何被应用于现代天文研究的？

今天，当天文学家们研究宇宙天体的光谱特征时，他们不仅会使用天文望远镜和天文探测器，而且会使用一种被称为"光谱分析仪"的设备。通常情况下，光谱分析仪会通过一个狭小的缝隙吸收望远镜收集到的光线，特殊的透镜会使这些光线变得平行。然后，这些平行光要么穿过了棱镜，要么被衍射光栅分解成各种颜色。同时，被分解的光线的影像（也就是光谱）被敏感的摄像机记录下来。在这一过程中，既可以使用普通摄影技术，又可以使用电子成像技术。这些被记录的光谱信息，对天文学家了解天体的物理特征是非常有价值的。

▶ 我们可以利用光谱学来了解天体的哪些物理特性？

当原子结构或分子结构散发光线或吸收光线时，它们是在特定的波长范围内完成这一过程的。当我们研究某个天体的光谱结构时，我们可以推论出该天体包含了何种类型的原子结构或分子结构。同时，我们还可以了解到这些原子结构和分子结构周围的物理环境。细致的光谱研究可以帮助我们了解天体的化学构成、密度状况、温度状况、磁场强度和物理结构。除此以外，我们还可以通过研究该天体的光谱，测量"散发线"和"吸收线"所发生的多普勒位移。这样一来，我们就可以了解到该天体的运动方式以及该天体不同组成部分发生了怎样哪种化学元素是在进行天文光谱学研究的过程中被发现的?

　　在早期的天文光谱学研究中,人类的一个重大突破是发现了化学元素"氦"。由于氦比空气轻,所以它在没有受到控制的情况下会离开地球的大气层。特殊的原子结构使它成为一种惰性气体。也就是说,它几乎从不参与地球上的任何化学反应。当天文学家们利用光谱学来研究太阳时,他们发现在太阳光谱中存在某些特殊的特征,这些特征是他们在地球物质的光谱中从未发现的。于是,天文学家们意识到他们发现了一种新的化学元素,他们用Helios来命名这种化学元素,在希腊语中"Helios"一词意为"太阳"。后来,人们学会了如何在地球上收集并使用氦气。今天,人们已经了解到氦是宇宙中第二丰富的化学元素,它占宇宙中所有原子质量的1/4。

的相对运动。对于那些遥远的星系和类星体而言,它们的宇宙红移现象足以说明它们的距离和年龄。

干 涉 量 度 学

▶ 什么是干涉量度学?

　　干涉量度学是指同时利用不止一束光线来产生分辨率极高或极为详细的图像或光谱的技术。干涉量度学的用途非常广泛,例如,我们可以利用这一技术来测算遥远天体的维度,我们还可以利用这一技术来发现恒星在运动过程中所发生的细微的摆动,这一细微的摆动往往是由太阳系以外的行星所引起的。

▶ 干涉量度学的物理原理是什么？

干涉量度学的基本原理是：当光线在波中穿行时，一个天体产生的光波（或天体的一部分产生的光波）会"干涉"另一个天体产生的光波（或同一天体的另一部分产生的光波）。大家可以在脑海中想象下面的情形：将两块小圆石分别扔入一个小池塘中，这两块小圆石的入水位置非常接近，它们在水中产生的波纹会相互干扰，从而在水中形成了大小不一且形状不一的涟漪。同样的道理，当光波相互干扰时，会形成类似的明暗分布和颜色分布。天文学家们通过研究这些物理分布特征，可以重新为光源成像，并可以推断出光源的其他物理特征。与直接为光源成像这种方法相比，对光源进行干涉量度学研究可以获得更加详细的实验数据。

▶ 如何利用干涉量度技术获得非常翔实的图像？

图像的分辨率直接取决于获取该图像的望远镜的规模。然而，我们可以利

 ▶ **世界上最大的天文望远镜是根据什么样的干涉量度技术建造的？**

最先进的干涉量度技术目前被应用在无线电天文学领域。最典型的例子就是甚长基线干涉测量技术（VLBI），这种技术实际上是利用相距数百英里或上千英里的许多无线电望远镜同时对同一天体进行观测，然后将不同望远镜收集到的数据利用干涉量度技术加以综合，从而形成该天体的高分辨率图像。这时，各望远镜之间的间距可以达到最大值。

今天，使用VLBI技术的两个主要项目分别是欧洲的VLBI网络和美国的"甚长基线干涉阵（VLBA）"。利用这两个项目在无线电波长范围内获得的图像比哈勃太空望远镜在可见光范围内获得的图像拥有更高的分辨率。

用相距甚远的两台望远镜收集光线并对光线进行合成,然后利用干涉量度技术加以分析,最终形成的图像在分辨率方面相当于一台巨型望远镜,这台巨型望远镜所占据的距离就相当于上面提到的两台望远镜之间的距离。如果将若干台望远镜精心地排成一排,利用它们获得的数据进行图像合成,合成图像在分辨率方面相当于一台望远镜所获得的图像的数百倍、数千倍乃至数百万倍。

无线电望远镜

▶ 无线电望远镜的工作原理是什么?

无线电望远镜在工作原理方面与车载收音机的天线非常类似。任何金属片都可以接收经过的无线电信号,任何金属板或金属制脚手架都可以反射无线电波。无线电望远镜实际上就是特制的巨型天线,它们可以反射无线电波并将它们聚焦在一个点上。这时,无线电波与可见光一样,可以被勘查或放大。同时,

位于墨西哥境内的一排无线电望远镜可以在外层空间搜寻无线电波(iStock)。

人们还可以利用无线电波来形成图像和光谱。由于无线电波的长度是可见光的几百万倍或几十亿倍，无线电望远镜一般都体积非常庞大，它们通常是由若干组望远镜组成的，它们应用干涉量度技术可以获得更加翔实的图像。

▶ 世界上最大的圆盘式无线电望远镜在哪里？

位于波多黎各阿雷西博的阿雷西博天文台，由美国国家科学基金会和位于纽约州伊萨卡的康奈尔大学共同进行管理。位于阿雷西博天文台的圆盘式无线电望远镜绝对会让人感到惊叹。在群山当中有一个天然形成的山谷，这台望远镜就位于这个山谷的顶部。它的直径为1 000英尺（305米），它的占地面积比25个足球场还要大。位于圆盘焦点处的格雷戈伦反射器系统的重量为75吨，它悬挂在450英尺（137米）的空中，与一个面积更大的观测平台相连接，这个也悬挂在半空中的观测平台重达600吨。

到目前为止，阿雷西博天文台是世界上最大的圆盘式无线电望远镜。自从1963年建成以来，阿雷西博天文台一直是世界上敏感度最高的无线电望远镜。目前，技术人员每隔一段时间都会对这个天文台的系统和设备进行升级改造。所以，目前这个天文台仍然可以昼夜不停地进行天文观测。科学家们偶尔还利用这个天文台同某些宇宙飞船进行通信联系，这些宇宙飞船往往在太阳系内进行飞行，它们往往与地球相距甚远。

▶ 谁开创了无线电天文学的先河？

美国无线电工程师卡尔·杨斯基（1905—1950）制造了第一台无线电望远镜，他几乎是在完全偶然的情况下开创了无线电天文学。当时，杨斯基是新泽西州贝尔实验室的工作人员，他的工作是努力找到干扰大西洋两岸间的无线电通信的无线电干涉源。杨斯基用木头和黄铜制作了一根无线电天线，这根天线可以发现特定频率的无线电信号。结果，杨斯基发现了3个干涉源。其中的两个是雷雨，另一个不断发出嘶嘶声的干涉源还是一个谜。后来，杨斯基意识到这种信号是银河系中的气体和尘埃所产生的。他还观测到这种信号在射手星座的方向强度最大。当代天文学家们认为，射手星座位于银河系的中心。

　　1932年，杨斯基发现了来自太空的无线电波的消息被正式对外公布。这一消息给另一位美国的无线电工程师格罗特·雷伯（1911—2002）带来了灵感。雷伯在1937年也研制出了一台无线电望远镜。在后来的10年里，雷伯研究了来自太空的无线电波，并绘制出一张关于银河系的无线电信号的星图。他的研究结果表明，银河系中的绝大多数的无线电波并不是来自恒星，而是来自由星际气体构成的星云，这些星际气体包含了大量的氢气。雷伯将自己的发现写成了一篇题为《宇宙静电》的论文，发表在《天体物理学杂志》上。他的研究成果为无线电天文学在第二次世界大战以后的蓬勃发展奠定了基础。

▶ 世界上最大的移动式圆盘无线电望远镜在哪里？

　　绿湾射电天文望远镜（GBT）是世界上体积最大的可移动式无线电望远镜，它位于美国国家无线电天文台，这个天文台位于西弗吉尼亚州波卡杭塔斯郡的绿湾。这里以前还有一台巨型的无线电望远镜，它的体积比现在使用的这台望远镜稍小。1988年，那台巨型望远镜在服役25年以后彻底失去了功能。

　　目前正在使用的绿湾射电天文望远镜的重量超过了1 600万磅（7 500吨），它的等效面积差不多相当于一个足球场的两倍，这台望远镜并不是一个绝对的球体，它的纵轴长110米、横轴长100米，它的焦点位于一个悬臂的末端，这个悬臂可以从一侧覆盖整个圆盘区域。这台望远镜坐落在一个直径为210英尺（64米）的滑道上，这个滑道的水平误差不超过千分之几英寸。当这台望远镜在滑道上进行滑行时，它可以从任何方向对整个天空进行观测。除此以外，在这台望远镜的表面一共分布了2 004块面板，每一块面板都被安置在电动的活塞上。这样一来，望远镜的表面就可以根据天文观测的需要进行必要的调整，从而获得精确的观测结果。

什么是甚大天线阵（VLA）无线电望远镜设备？

　　甚大天线阵（VLA）被公认为是世界上最先被使用的无线电天文台。它是由27根无线电天线构成的，每根天线的直径为82英尺（25米），重量为230吨。这些天线分布在新墨西哥州梭克罗附近的高原沙漠中，它们的分布呈"Y"字形。天文学家们将所有天线获得的数据利用干涉量度技术进行加工合成，最终获得的图像分辨率相当于一根直径为22英里（36千米）的天线所获得的图像，它的敏感度相当于一台直径为422英尺（130米）的圆盘式无线电望远镜。

　　天文学家们利用甚大天线阵对遥远的无线电源进行昼夜不停地详细观测，这些无线电源包括脉冲星、类星体和黑洞。甚大天线阵一共包括27根天线，每根天线比7层楼还高。分布在这台无线电望远镜周围的景色非常漂亮。甚大天线阵给那些电视制片人和电影导演带来了许多创作灵感，许多科幻题材的电视剧和影片都利用高科技手段将甚大天线阵设定为画面的背景。

堪培拉太空信号接收中心是美国国家航空航天局执行"深空网络"太空计划的无线电通信地球站之一（美国国家航空航天局）。

微波望远镜

▶ 微波望远镜的工作原理是什么？

微波辐射的波长会在一定的范围内发生变化。不但温度非常低的辐射源可以产生微波辐射，而且温度较高的辐射源也可以产生微波辐射，例如，原行星盘和由星际分子构成的星云。微波望远镜使用起来既有点像红外望远镜，又有点像无线电望远镜。所以它在设计原理和工作原理方面已经将红外望远镜和无线电望远镜的相关技术有机地结合起来。根据天文观测任务的不同，微波望远镜既可以被放置在太空中，又可以被放置在高空热气球中，还可以被放置在位于山顶的天文台的地面上。微波望远镜所使用的探测器包括辐射热测定器和外差式接收机。

▶ 谁开创了微波天文学的先河？

早期研究无线电天文学的天文学家们所发明的无线电望远镜，也可以被用来发现微波。结果证明，一些用来进行无线通信的设备成为效果最佳的早期微波望远镜。20世纪60年代，天文学家阿诺·彭齐亚斯（1933— ）和罗伯特·威尔逊（1936— ）利用一根敏感度极高的微波天线研究了宇宙源发出的微波辐射，这根天线位于新泽西州莫雷山的贝尔实验室。结果他们发现了宇宙微波背景，这一发现是证明关于宇宙起源的创世大爆炸理论的关键证据。

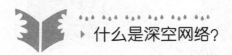

▶ 什么是深空网络？

美国国家航空航天局的"深空网络"（DSN）项目是全球范围的无线电天线网络。通过这一网络，地面的科学家们可以与执行星际飞行任务的宇宙飞船保持联系。深空网络在全球一共有3个工作站,这样就保证了地面与飞船之间可以随时进行实时通信联系。其中的一个工作站位于澳大利亚的堪培拉附近,另一个位于西班牙的马德里附近,还有一个位于美国加利福尼亚州南部莫哈韦沙漠的戈尔德斯通山谷。深空网络是目前正在使用的规模最大且敏感度最高的科学电信系统,它还可以为一些围绕地球飞行的宇宙飞船提供通信保障。此外,科学家们有时还利用深空网络对太阳系及更远的太空区域进行无线电天文学观测。

▶ 地基微波望远镜的外表是什么样的,它们的工作原理是什么?

用来探测"亚毫米辐射"的地基微波望远镜看上去就像一些小型的圆盘式无线电望远镜。它们的体积通常比可见光望远镜大得多,它们的制作工艺非常精细,它们携带的设备敏感度极高。最典型的例子包括:位于亚利桑那州南部格雷厄姆山国际天文台的亚毫米波望远镜(SMT);位于智利拉西亚欧南天台的亚毫米波望远镜(SEST),这台望远镜是瑞典方面和欧南天文台合作研制的;位于夏威夷冒纳凯亚的亚毫米波望远镜(CSO),这台望远镜是由加州工学院研制的。

寒冷干燥的地点是放置微波望远镜的最佳地点,地球上最寒冷最干燥的地区是南极地区。在南极洲天体物理学研究中心(CARA)有两台微波望远镜,它们分别是南极亚毫米波望远镜及远距离天文观测台(AST/RO)和宇宙背景辐射各向异性观测台(COBRA)。这两台望远镜看上去与安置在其他地点的微波望远镜有所不同,这主要是为了适应南极地区严酷的自然环境。

▶ 什么是微波背景探测卫星?

微波背景探测卫星(COBE)的主要用途是绘制宇宙在微波背景下的详细星图。这颗卫星是在1989年11月18日被发射升空的,在这颗卫星上还搭载了3件科学实验设备,它们分别是:远红外绝对分光光度计(FIRAS)、差比微波辐射仪（DMR）和分散红外背景探测器（DIRBE）。微波背景探测卫星收集到的数据证明了宇宙微波背景的存在，从而进一步证实了创世大爆炸理论。根据微波背景探测卫星的测算结果，宇宙微波背景的温度为2.7开尔文（差不多相当于绝对零度）。微波背景探测卫星还发现了宇宙中物质分布的不均匀性，从而揭示出宇宙物理结构的起源。

 ▶ 什么是"毫米波段气球观天计划"，这项研究取得了哪些成果？

　　"毫米波段气球观天计划"（BOOMERanG）项目，是指一个高空热气球将一台微波望远镜设备带到几英里高的半空中，然后利用这台设备对宇宙的微波背景进行细致的测量。这个热气球曾经两次飞跃南极洲的上空，一次是在1998年，另一次是在2003年。天文学家们利用这个设备收集到关于宇宙背景辐射的各向异性特征的重要数据，这其中包括了温度较高的区域和温度较低的区域在宇宙中的分布特征。天文学家们还可以利用这些数据对宇宙的早期历史进行研究。

▶ 什么是"威尔金森微波各向异性探测器"卫星？

　　"威尔金森微波各向异性探测器"（WMAP）是一台微波太空望远镜，它主要被用来测量存在于宇宙微波背景辐射中的细微温度变化，也就是"各向异性"。通过测量"各向异性"现象的强度、数量和分布面积，天文学家们可以追溯早期宇宙的演变进程并推断出整个宇宙的物理特性。这台探测器是以美国天体物理学家大卫·威尔金森（1935—2002）的名字来命名的。威尔金森在科学研究领域取得了许多重要的成就，他是第一位测算并研究宇宙微波背景的科学家。

　　"威尔金森微波各向异性探测器"对天文学家们对宇宙本质的理解产生了重要的影响。也许它所产生的最重要影响是证实了下面的观点：宇宙的几何形状是"扁的"；宇宙中70%以上的物质是由神秘的"暗物质"构成的。

太阳望远镜

▶ 地基太阳望远镜的工作原理是什么？

太阳望远镜在光学原理和探测器方面与主要在夜间使用的望远镜非常类似。所不同的是，在建造太阳望远镜时，人们必须考虑到太阳望远镜将要承受的强光和高温。为望远镜的部件和设备降温的一种方法是首先将太阳光直接引入一个地下室内；另一种方法是让望远镜的周围保持真空状态。在真空状态下，任何气体分子结构都不会吸收或转移热量。夜间使用的望远镜的主镜面一般都非常大，而他的其他部件却体积较轻且易于操纵。相比之下，太阳望远镜的主镜面一般都不是特别大，而连接主镜面的其他部件体积却非常庞大。

 ▶ 世界上有哪些著名的地基太阳望远镜？

世界上著名的地基太阳望远镜包括：位于加利福尼亚州的大熊湖太阳天文台（由新泽西理工学院负责管理）、位于夏威夷海尔里亚卡拉的密斯太阳天文台（由夏威夷大学负责管理）和美国国家太阳天文台。其中，美国国家太阳天文台主要包括两台天文望远镜，它们分别是位于亚利桑那州南部基特峰国家天文台的麦克梅斯-皮尔斯太阳望远镜和位于新墨西哥州沙加缅度山天文台的邓恩太阳望远镜。

▶ 天基太阳望远镜的工作原理是什么？

天文学家们利用在轨飞行的太阳望远镜对太阳进行观测，他们不但可以观测到太阳光中不易穿过地球大气层的那部分，还可以观测到太阳风和太阳日冕大爆发时产生的亚原子微粒,这些亚原子微粒通常会被地球的磁场所阻挡。与地基太阳望远镜一样,天基太阳望远镜与其他的太空望远镜也非常类似。为了可以观测到太阳辐射和太阳粒子等强烈的太阳活动,天基太阳望远镜可以不断地调整飞行姿态。

▶ 世界上有哪些著名的天基太阳望远镜?

世界上著名的天基太阳望远镜包括:在1980—1989年间使用的"太阳峰年科学卫星"(SMM),在1996年12月2日被发射升空的"太阳和太阳风层探测器"(SOHO)和在1998年4月2日被发射升空的"太阳过渡区与日冕探测器"(TRACE)。

特 殊 望 远 镜

▶ 什么样的望远镜可以利用冰来研究宇宙?

当微中子穿过物质时,它们之间的碰撞会在短时间内产生一道发蓝的光线,这一现象被称为"切伦科夫辐射"。当这道光线出现在不含气泡和其他杂质的一个冰块中时,这种"切伦科夫光线"可以被非常敏感的光电感应器捕捉到。天体物理学家们利用冰的这种特殊物理特性建成了世界上最大的微中子望远镜。"南极介子及微中子探测列阵"(AMANDA)项目是由19个系列光电探测器构成的,这些光电探测器被埋在南极冰层的下面,埋藏深度可以超过1英里(1 609米)。"南极介子及微中子探测列阵"项目是一个规模更大的科学项目的一部分,这个项目被称为"冰立方体",它是一个国际合作的科学项目。这个项目将会在南极1立方千米的冰层内放置数千个光电探测器。

▶ 我们可以利用什么样的望远镜来观测宇宙射线?

由于宇宙射线的能量巨大,所以它们可以穿透包括地球在内的任何障碍物。不过，它们也会偶尔与地球大气层中的物质发生碰撞。这种碰撞会产生像小瀑布一样的电磁辐射，这种效应被称为"切伦科夫簇射"。为了研究这种强烈的宇宙射线，天文学家们专门制造出"切伦科夫大气层探测器"。通过分析上述簇射现象，科学家们还可以推断出产生这种现象的宇宙射线的重要物理特征。

▶ 著名的"切伦科夫大气层探测系统"包括哪些？

著名的"切伦科夫大气层探测系统"包括：位于亚利桑那州霍普金斯山的弗雷德·劳伦斯·惠普尔天文台的"超高能辐射成像望远镜阵列系统"（VERITAS）和位于新墨西哥州桑地亚国家实验室的"塔式太阳切伦科夫大气效应实验装置"（STACEE）和"国家太阳热实验设备"（NSTTF）。

▶ 什么样的天文台可以用来观测宇宙本身的屈曲现象？

当宇宙中发生超新星爆炸或黑洞碰撞等剧烈的天文事件时，宇宙本身也会受到影响。天体物理学家们为了发现这些天文事件所产生的重力波，创建了"激光干涉仪重力波天文台"（LIGO）。它的两个观测点分别位于路易斯安那州和华盛顿州。两处都在地下深处安置了超级敏感的激光干涉仪系统。到目前为止，该系统还没有发现任何产生于天文事件的重力波。

地球天文台

▶ 什么是天文台？

天文台是进行天文观测的场所。它们既可以由一台望远镜组成，又可以由多台望远镜组成。在当代的某些天文台，你可能根本无法发现任何望远镜，它们只是科学家们获得并分析天文观测数据的场所。而这些科学家所使用的天文望远镜既有可能在另一个遥远的地方，又有可能在太空中。

◉ 天文学家们如何为天文台选址?

如今,天文学家们一般会花很多年的时间来考察那些可能成为天文台所在地的地方。最终,他们会选出最佳的地点来建造安装望远镜。在理想的情况下,建造安装望远镜的场所应该海拔较高,且无污染或污染较轻。此外,这里的大气环流状况应该比较平稳且可以预期。选择在这样的地点建造安装望远镜,对生态环境造成的影响相对较小。当然,这种环境不但可以保证技术人员、安装设备和天文观测仪器的安全,而且便于对天文观测仪器的维修和保养。

由于世界上具备上述条件的地区十分有限,所以在许多天文台的所在地,人们在同一地点安置了多台望远镜。随着世界人口的不断增长,再加上天文研究对天文台选址的要求越来越高,许多天文学家不得不到更加偏远的地区去建造天文台,例如,智利境内的阿塔卡马沙漠、秘鲁境内的阿尔塔平原、墨西哥的偏远山区和夏威夷群岛、加那利群岛等海洋群岛。

◉ 世界上最大的可见光望远镜被放置在什么地方?

表20中列出的大型望远镜是按照镜面大小的顺序来排列的。

表20　世界上最大的可见光望远镜

名　　字	所　在　地	孔径的直径数值(米)	结　　构
大型双筒望远镜	亚利桑那州的格雷厄姆山	11.8	两组圆形镜面
大型加纳利望远镜	加那利群岛的拉帕尔玛岛	10.4	36组六边形镜面
凯克1号望远镜	夏威夷的冒纳凯亚	10.0	36组六边形镜面
凯克2号望远镜	夏威夷的冒纳凯亚	10.0	36组六边形镜面
大型拼镶镜面望远镜	得克萨斯州的麦克唐纳天文台	9.2	91组六边形镜面
南非巨型望远镜	南非的萨德兰	9.2	91组六边形镜面
"斯巴鲁"望远镜	夏威夷的冒纳凯亚	8.2	一组圆形镜面
"安涂号"望远镜	智利的塞罗·帕拉纳	8.2	一组圆形镜面
"奎因号"望远镜	智利的塞罗·帕拉纳	8.2	一组圆形镜面
"每丽珀号"望远镜	智利的塞罗·帕拉纳	8.2	一组圆形镜面

名　字	所　在　地	孔径的直径数值（米）	结　构
"耶盼号"望远镜	智利的塞罗·帕拉纳	8.2	一组圆形镜面
双子星北座望远镜	夏威夷的冒纳凯亚	8.1	一组圆形镜面
双子星南座望远镜	智利的塞隆·帕切翁	8.1	一组圆形镜面
MMT	亚利桑那州的霍普金斯山	6.5	一组圆形镜面
沃尔特·巴德望远镜	智利的拉斯坎帕纳斯	6.5	一组圆形镜面
兰顿·科雷望远镜	智利的拉斯坎帕纳斯	6.5	一组圆形镜面
巨型地平经纬望远镜	俄罗斯的尼兹尼·阿克赫耶兹	6.0	一组圆形镜面
液体天顶望远镜	加拿大的不列颠哥伦比亚大学	6.0	液体
"海尔号"望远镜	加利福尼亚州的帕洛马山	5.0	一组圆形镜面

什么是欧洲南部天文台？

　　欧洲南部天文台（ESO）是一个包括众多天文观测设备的系统，一个由许多欧洲国家组成的国际协会负责管理这个天文台。欧洲南部天文台总部位于德国的加奇。但是，正如它的名字所示，它的天文观测设备都位于南半球，尤其是智利的北部地区。它的主要观测设备是位于塞罗·帕拉纳的极大型望远镜（VLT），这组望远镜实际上是由4台巨型望远镜构成的。欧洲南部天文台最初位于拉斯拉山，现在那里还安置着欧洲南部天文台及其会员国的多台望远镜。

美国有哪些国家天文台？

　　美国的国家天文台的科研资金主要来自美国国家科学基金会，这些天文台主要包括国家光学天文台（NOAO）和国家射电天文台（NRAO）。这两大天文台分别管理着许多天文观测设备。具体说来，在国家光学天文台管辖下的天文观测设备包括：国家太阳天文台、位于亚利桑那州南部的基特峰国家天文台、位于智利的拉希雷纳附近的托洛洛山泛美天文台、双子座天文台。双子座天文台负责管理的一台天文望远镜位于智利塞隆·帕切翁山，另一台望远镜位于夏威夷的冒纳凯亚山，它的主要科研中心位于亚利桑那州的土桑市。在国家射电天文台管辖下的天文观测设备包括：位于新墨西哥州梭克罗的甚大阵射电望远镜、位于西弗吉尼亚州绿湾的绿湾射电天文望远镜、绵延5 000多英里（8 000多千米）的甚长基线阵射电望远镜和位于智利南部阿塔卡马沙漠查南托平原的"阿塔卡马大型毫米波天线阵"，国家射电天文台的总部位于西弗吉尼亚州的夏洛特维尔。

▶ 澳大利亚的天文台有哪些？

澳大利亚有许多著名的天文台，这其中就包括帕克斯无线电望远镜所在的天文台，当年人们正是通过它同"阿波罗号"登月飞船保持通信联系的。澳大利亚的主要天文观测设备都位于斯特朗洛山和塞丁泉天文台，这个天文台是由澳大利亚国立大学负责管理。

▶ 非洲的天文台有哪些？

非洲最著名的天文台是南非天文台（SAAO），它位于开普敦市的附近，它的天文望远镜位于南非卡鲁地区的萨德兰，它的最大的望远镜是"南非巨型望远镜"（SALT），这台望远镜是在2005年投入使用的。

▶ 亚洲的天文台有哪些？

亚洲最著名的天文望远镜设备大概是"巨型方位望远镜"，它还可以被简称为"BTA"，它位于俄罗斯的尼兹尼·阿克赫耶兹附近的帕斯图科夫山的山顶，这座山位于斯塔夫罗波尔以南大约90英里（150千米）处，斯塔夫罗波尔位于黑海和里海之间。"巨型方位望远镜"是在1976年投入使用的，在一段时间内它曾经是世界上最大的望远镜。

英国有哪些著名的天文台？

尽管在不列颠群岛上还没有规模较大的天文望远镜设备，但是很多个世纪以来，英国在天文研究领域已经取得了大量的研究成果。例如，位于曼彻斯特的焦德雷班克天体物理学研究中心仍然是一个规模较大的无线电天文学研究中心。格林威治皇家天文台不仅是一个天文研究机构，而且对于本初子午线及地球和天球上的经度系统的确定有着特殊的意义。

哪些天文台位于大西洋海域？

加那利群岛是泰德天文台和穆查秋斯岩天文台的所在地。其中，前者位于特内里费，后者位于拉帕尔玛。目前放置在这两个天文台的天文望远镜和其他天文观测设备分别属于来自17个国家的60个科研机构。这些天文观测设备还是欧洲南部天文台（ENO）的一部分。

哪些天文台位于太平洋海域？

在夏威夷群岛分布着大量的天文台。位于夏威夷岛的冒纳凯亚火山是一个休眠火山，它的顶峰也许是世界上放置地基望远镜的最佳地点。一些重要的天文台望远镜包括：日本国家天文台的"斯巴鲁"望远镜、双子星北座望远镜、詹姆斯·克拉克·麦克斯威尔望远镜、英国红外望远镜、加拿大-法国-夏威夷望远镜和两台"凯克号"望远镜。

由大学进行管理的著名天文台有哪些？

由大学进行管理的著名天文台包括：哈佛-史密森天体物理学研究中心，由加利福尼亚大学负责管理的利克天文台，由加州理工学院负责管理的帕洛马天文台，由加州理工学院和加利福尼亚大学共同管理的"凯克号"望远镜，位于

"茂宜岛"且部分由夏威夷大学进行管理的密斯太阳观测台,由亚利桑那大学负责管理的斯图尔特天文台、亚利桑那无线电天文台和格雷厄姆山国际天文台。

▶ 世界上著名的民办天文台有哪些?

　　史密森天文物理台是史密森学会的一个部门。多年以来,它一直与哈佛大学天文台合作管理哈佛-史密森天体物理学研究中心,这个研究机构位于马萨诸塞州的剑桥,在这里工作的科学家有300多位。位于亚利桑那州旗竿市的罗威尔天文台是天文学家帕西瓦尔·罗威尔在一个世纪以前创建的,当时主要是为了在其他天文现象中寻找一颗未知的行星。直到今天,这里仍然是一个规模较大的天文研究中心。今天,规模最大且名气最大的民办天文台也许是位于华盛顿的卡内基研究院的天文台。非常富有的实业家安德鲁·卡内基在1902年建立了卡内基研究院。从此以后,这里一直是一个重要的天文研究机构。目前,卡内基天文台的观测设备分别位于加利福尼亚州的帕萨迪纳市和智利的拉斯坎帕纳斯。其中,拉斯坎帕纳斯是两台麦哲伦望远镜的所在地。卡内基研究院的

世界各地的许多大学都拥有自己的天文台。我们在图中看到的是芝加哥大学的叶凯士天文台(iStock)。

地磁研究系位于华盛顿。在过去的将近100年中，它一直在天文研究领域拥有重要的地位。这里的天体物理学家们先后开创了对黑洞、太空生物学和太阳系以外的行星的研究。

机载天文台和红外天文台

▶ 红外天文台的工作原理是什么？

　　红外线辐射可以被粗略地分为近红外线辐射、中红外线辐射、热红外线辐射和远红外线辐射。位于地球表面的绝大多数地基望远镜既可以被用来观测可见光，又可以被用来观测近红外线辐射。中红外线辐射产生的光线既可以在地球上观测到，又可以在太空中观测到。针对远红外线辐射进行的观测只能在太空中有效地进行。一般来讲，红外望远镜在使用方法和工作原理方面与可见光望远镜差不多。由于红外线辐射的本质是一种热量，所以当我们利用太空望远镜对红外线辐射进行观测时，为了取得最佳的观测效果，最好将使用的望远镜和摄像机进行低温冷却处理，使它们的温度低于10。请注意，这里所说的10是相对于绝对零度而言的。我们在这时往往会使用液态的氦。为了增加对红外线辐射的敏感性，这时所使用的电子探测器往往是由多种不同的物质制成的。绝大多数的可见光探测器主要是由硅制成的，而近红外线辐射探测器的原料变化较多，它们可能是由锗构成的，也可能是由砷化镓或锑化铟构成的，还可能是由水银、镉等的混合物构成。

▶ 什么是虚拟天文台？

　　"虚拟天文台"一词出现在大约10年以前，它主要是指通过电脑网络系统相互连接的天文观测设备和卫星。天文学家们利用虚拟天文台可以研究各种望远镜已经获得的天文数据。几十年以来，国际天文学界已经将各种天文活动获得的天文数据整理成内容丰富的天文档案，这其中的大量数据对于人类进一步探索宇宙有着重要的意义。世界上所有主要的天文台已经达成协议，与世界上的科学家分享它们的天文档案数据信息。在这些天文台的共同努力下，一些虚拟的天文观测设施被建立起来。科学家们可以利用它们提供的数据信息，获得更多与宇宙有关的新发现，从而给人类带来更多的惊喜，而这一切仅仅靠一台望远镜是根本无法实现的。国际虚拟天文台联盟（IVOA）利用十几个会员国的天文观测设施，致力于建成虚拟天文台系统。在这一系统建成以后，包括天文学家在内的全球科学家将会从中受益。

▶ 红外望远镜的典型例子有哪些？

典型的天基红外望远镜包括：红外天文卫星（IRAS）和斯必泽太空望远镜。典型的地基红外望远镜包括：红外望远镜设施（IRTF）和英国红外望远镜（UKIRT），这两台望远镜都位于夏威夷的冒纳凯亚。

▶ 什么是机载望远镜？

机载望远镜是指被安装在飞机上的望远镜。在飞机的飞行过程中，机载望远镜可以进行工作。

▶ 天文学家们为什么想使用机载天文台？

当一架飞机的飞行高度达到4.1万英尺（1.25万米）的时候，它实际上已经位于大气层中99%的水蒸气的上方。由于水蒸气会吸收进入大气层的红外线辐射，所以位于水蒸气的上方就可以保证机载望远镜对红外线辐射进行观测。此外，与太空望远镜不同的是，机载望远镜便于维修、升级和实时调

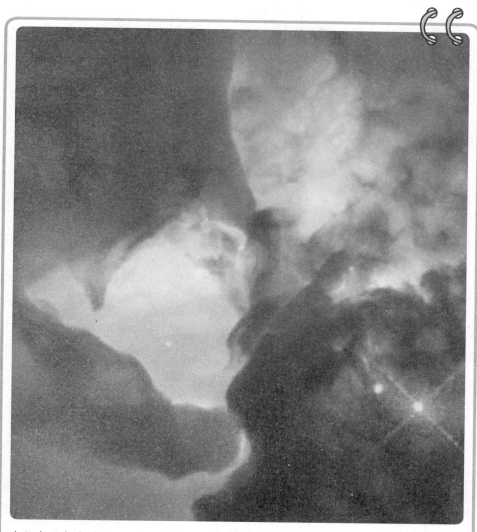

我们在图中看到的是哈勃红外望远镜捕捉到的"礁湖星云"的图像（美国国家航空航天局）。

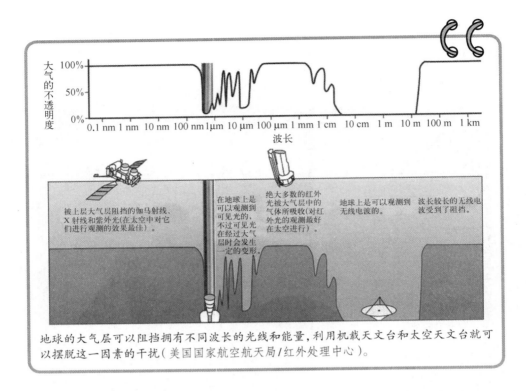

被上层大气层阻挡的伽马射线、X 射线和紫外光(在太空中对它们进行观测的效果最佳)。

在地球上是可以观测到可见光的，不过可见光在经过大气层时会发生一定的变形。

绝大多数的红外光被大气层中的气体所吸收(对红外光的观测最好在太空进行)。

地球上是可以观测到无线电波的。

波长较长的无线电波受到了阻挡。

地球的大气层可以阻挡拥有不同波长的光线和能量，利用机载天文台和太空天文台就可以摆脱这一因素的干扰(美国国家航空航天局/红外处理中心)。

控；与地基望远镜相比，机载望远镜具有更高的灵活度，因为搭载机载望远镜的飞机可以在世界各地的上空进行飞行。

▶ 机载天文台有没有缺点?

是的，机载天文台也有一些缺点。首先，它的造价比较昂贵。其次，与地面上的天文台相比，它们在技术上更难于控制。再次，由于飞机上搭载的物体的重量会受到严格的限制，所以与地基望远镜相比，机载望远镜往往体积较小。所以，机载天文台几乎只被用于针对远红外线辐射的天文观测活动。这时，与地面的天文观测设备相比，机载天文台会表现出巨大的优势。

▶ 什么是柯伊伯机载天文台?

柯伊伯机载天文台（KAO）是以荷兰裔美国天文学家杰拉德·柯伊伯

（1905—1973）的名字来命名的，这个天文台是美国国家航空航天局建造的，它在1974年被投入使用。实际上，它是由一架C-141"运输星号"军用运输机改装而成的。它携带了一台直径为36英寸（0.9米）的天文望远镜，这台天文望远镜的重量大约为6 000磅（2 700千克）。柯伊伯机载天文台平时被停放在美国国家航空航天局的艾姆斯研究中心，这个研究中心位于加利福尼亚州的莫菲特菲尔德附近。柯伊伯机载天文台每年要执行大约70架次的天文探测飞行任务。

柯伊伯机载天文台在为人类服役了20多年以后，于1995年正式退休。它在服役期间取得了许多重要的成绩，这其中就包括：发现了天王星周围的行星环，在木星大气层里发现了水蒸气，发现了偶尔出现在冥王星周围的薄薄的大气层，开创了针对彗星、小行星和星际介质进行的科学研究。

▶ 首批投入使用的机载天文台有哪些？

自从1957年以来，天文学家们就开始研制机载天文台。20世纪60年代末，一架康纳戴尔900型喷气式飞机被改装成第一个长期使用的机载天文台。后来人们又在20世纪70年代初，将一架利尔喷气式飞机改装成机载天文台，在这架飞机上搭载了一台直径为12英寸（30厘米）的望远镜。

▶ 什么是同温层红外天文观测台？

同温层红外天文观测台（SOFIA）是一个机载红外天文观测台，它是柯伊伯机载天文台（KAO）的继任者，它是由一架波音747飞机改装而成的。它携带了一台直径为100英寸（2.5米）的望远镜，它的飞行高度大约为4.1万英尺（1.25万米）。同温层红外天文观测台是美国国家航空航天局和德国航空航天中心（DLR）合作完成的项目，它在2007年4月26日完成了首次飞行。

太空望远镜

▶ **在太空中放置天文望远镜的重要性是什么?**

　　厚厚的大气层中的气体阻挡了包括伽马射线、X射线、远紫外光和远红外光在内的绝大多数电磁辐射,这些到达地球的电磁辐射来自宇宙中的各种辐射源。例如风、雨、雪等大气层中的天气现象同样会干扰到人们对太空的天文观测。所以,太空望远镜拍摄的图像在清晰度方面要远远高于人们在地面拍摄的图像。此外,太空望远镜还可以收集到那些无法到达地球表面的光线。

▶ **最著名的太空望远镜是哪台望远镜?**

　　哈勃太空望远镜是以美国天文学家埃德温·哈勃的名字来命名的。1990年4月24日,"发现号"航天飞机将这台望远镜送入了太空,哈勃太空望远镜由美国国家航空航天局和欧洲航天局共同进行管理,这台望远镜也被简称为HST。与人类使用过的任何天文望远镜相比,哈勃太空望远镜在加深人类对宇宙的了解方面做出了更多的贡献。对于我们这一代人而言,哈勃太空望远镜无疑是对人类的社会进步和科学进步影响力最大的科研设备。

哈勃太空望远镜(美国国家航空航天局)。

▶ **哈勃太空望远镜在物理结构方面有哪些特征?**

　　哈勃太空望远镜刚好可以被

装入航天飞机的货舱,它的体积与一台较大的校车大致相当。它的摄像机和摄谱仪与电话亭体积大致相当。它的总质量大约为13吨。它的主镜面的直径为94英寸(2.4米)。与现代地基望远镜的主镜面相比,哈勃太空望远镜的主镜面相对较小。尽管这样,哈勃太空望远镜仍然是迄今为止被发射到太空中的最大的天文望远镜。当哈勃太空望远镜处于工作状态时,它的两块巨大的太阳能电池板会为望远镜的各系统提供电力供应。

▶ 哈勃太空望远镜的飞行状况如何?

哈勃太空望远镜在位于地表以上大约240英里(386 242.56米)的运行轨道内进行飞行,它围绕地球飞行的周期为90分钟。

▶ 哈勃太空望远镜项目是如何建成并投入使用的?

向太空中发射绕地运行的太空望远镜的计划最初是由美国天文学家莱曼·斯必泽(1914—1997)提出来的。20世纪70年代早期,随着"阿波罗号"太空探测项目进入了尾声,美国国家航空航天局采纳了建造太空望远镜的计划。不过,由于实施这一计划的费用太高,美国国会推迟了这一计划的实施。1977年,欧洲航天局成

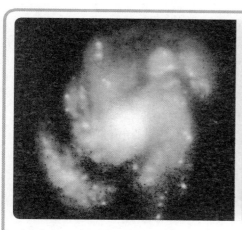

用哈勃望远镜拍摄的图像(国家航空和空间管理局)。

为这一计划的合作者，欧洲航天局方面同意为该项目的实施提供15%的设备和支持。同时，欧洲航天局方面也因此获得了哈勃太空望远镜观测时间的15%。

哈勃太空望远镜的建造花费了8年的时间，整个项目于1985年建成，该项目一共花费了大约15亿美元。由于1986年"挑战者号"航天飞机发生了意外的灾难，航天飞机的飞行计划被搁置了将近3年的时间，哈勃太空望远镜的升空计划也相应地被推迟了。1990年4月24日，"发现号"航天飞机终于将哈勃太空望远镜送入了太空。

▷ 哈勃太空望远镜在被送入太空以后遇到了什么情况？

在哈勃太空望远镜被发射升空并进入预定轨道以后，科学家们通过最初的实验发现这台望远镜有几个明显的问题。首先，在望远镜飞行期间太阳能电池板发生了轻微的抖动，所以摄像机拍摄到的图像变得模糊。其次，更为糟糕的是，主镜面在经过打磨以后形状存在明显的错误，结果导致图像上出现了被称为"球面像差"的光学效应，图像的质量也因此下降了大约90%。对于天文学家们

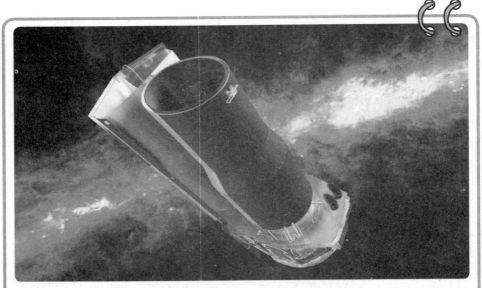

斯必泽太空望远镜是目前从外层空间获取天文数据的大型天文台之一（美国国家航空航天局、美国宇航局喷气推进实验室—加州工学院）。

来讲,这无疑是一个重大的打击。此前,天文学家们一直期待着哈勃太空望远镜能够为他们传回最清晰的宇宙图像。

红外太空望远镜

▶ 什么是红外太空天文台望远镜?

红外太空天文台(ISO)是红外天文卫星(IRAS)的"继任者",它在1995年11月被发射升空并于同年11月28日投入使用。它在体积和结构方面都与红外天文卫星差不多。不过,它携带了更多敏感度非常高的红外设备,这其中就包括两台红外线摄谱仪。红外天文卫星进行的是全天巡天活动,而红外太空天文台主要是针对太空中的某些天体和某些区域进行详细的天文研究。它所进行的天文研究为目前使用的新一代斯必泽红外望远镜铺平了道路。

▶ 什么是斯必泽太空望远镜?

斯必泽太空望远镜(SST)是人类所发射的体积最大且结构最复杂的红外太空望远镜。和红外太空天文台(ISO)一样,斯必泽太空望远镜也是用来进行定点天文观测的,它也不会进行全天巡天活动。不过,斯必泽太空望远镜在体积方面要比红外太空天文台大得多。此外,斯必泽太空望远镜在成像效果、分光镜的分辨率及敏感度等方面要远远优于红外太空天文台。斯必泽太空望远镜在2003年8月25日发射升空,它传回地球的第一组图片在同年12月18日正式公布。

▶ 斯必泽太空望远镜获得了哪些天文发现?

斯必泽太空望远镜获得了许多天文发现,这其中包括:首先,发现了一些新的褐矮星;其次,在许多年轻的恒星的周围发现了原行星盘;再次,发现了许多遥远的星系和类星体,大量的星际尘埃使它们变得非常模糊;此外,它还为银河系的核心区域拍摄了最为详细的图像。

▶ 斯必泽太空望远镜是如何被命名的？

　　斯必泽太空望远镜是以美国天体物理学家莱曼·斯必泽（1914—1997）的名字来命名的。斯必泽在天体物理学领域取得了许多重大发现，这其中就包括星际物质的本质和星际介质中物理活动的本质。1946年，斯必泽首先提出，人类完全有能力设计、制造并发射大型天文台，这些天文台可以在一定的轨道内在太空中飞行。为了表达对斯必泽所提出的创意的敬意，美国国家航空航天局将一台"太空红外望远镜设备"用斯必泽的名字来命名，这台望远镜是美国国家航空航天局所发射的4个大型天文台的最后1个。

X射线望远镜

◉ X射线望远镜的工作原理是什么？

　　由于X射线的威力非常强大，所以当它们与普通望远镜的镜片正面接触时，往往会穿透镜片。因此，X射线望远镜使用了内嵌的多层"掠射镜面"。这样一来，就可以在很小的角度反射X射线。由于X射线望远镜必须使用"掠射镜面"，所以它的设计难度非常大（与普通的光学望远镜相比，X射线望远镜看上去好像对准了后面的目标）。除此以外，由于X射线无法很好地穿过大气层，所以所有的X射线望远镜必须是太空望远镜。尽管建造一台X射线望远镜要克服许多困难，但是由于X射线望远镜会给人类带来丰富的科学成果，所以广大科学工作者为此所付出的努力还是非常有价值的。实际上，天文学家们利用X射线望远镜直接研究了宇宙中的新星、超新星、脉冲星和黑洞等天文现象，这些天文现象往往能够释放出巨大的能量。

▶ 第一批X射线望远镜有哪些？

1962年，由意大利裔美籍科学家里卡尔多·贾科尼（1931—　）和他的同事们率领一个科研队伍利用一枚"空蜂火箭"将一台X射线望远镜送入太空。虽然这次飞行只持续了几分钟的时间，但是这台X射线望远镜一直在大气层的吸收层以上进行飞行，所以它可以帮助人类第一次在星际空间捕捉到X射线，其中的一个X射线源来自天蝎星座的方向。在整个20世纪60年代，科学家们还利用X射线望远镜的飞行捕获到来自其他X射线源的X射线。其中一个X射线指向天鹅星座的方向，另一个X射线指向金牛星座（蟹状星云）的方向。

在位于阿拉巴马州亨茨维尔的马歇尔空间飞行中心，一位研究人员正在用傅立叶望远镜进行X射线技术研究（美国国家航空航天局/丹尼斯·柯伊姆）。

▶ 第一颗X射线卫星是哪一颗？

第一颗专门用来进行X射线天文学研究的卫星被叫做"乌呼鲁号（Uhuru）"。在斯瓦希里语中，"Uhuru"意为"和平"。"乌呼鲁号"在1970年被发射升空，它在飞行的过程中帮助人类绘制出第一张X射线巡天地图。

▶ 什么是高能天文台太空探索任务？

高能天文台的英文简写是"HEAO"。美国国家航空航天局为了研究X射线、伽马射线和其他宇宙射线，先后发射了3台高能天文台。其中，HEAO-1可以不间断地监控许多类星体和脉冲星等X射线源；HEAO-2也被称为爱因斯坦天文台，在1978年11月—1981年4月，它为人类提供了在当时分辨率最高的X射线巡天地图；HEAO-3于1979年发射升空，它的观测对象主要是伽马射线和其他宇宙射线。爱因斯坦天文台为钱德拉X射线天文台的研发打下了坚实的基础,钱德拉X射线天文台是美国国家航空航天局所研制的规模最大的X射线天文台。HEAO-3的成功发射为康普顿伽马射线天文台的研发打下了坚实的基础。

▶ 什么是琴伦射线卫星太空探索任务?

琴伦射线卫星的英文简写是"ROSAT",它是高能天文台之后的新一代X射线望远镜。它的研发工作是由德国的一个科研团队完成的,它是以德国物理学家威廉·康拉德·伦琴(1845—1923)的名字来命名。正是伦琴发现了X射线。

▶ 什么是"XMM-牛顿卫星"太空探索任务?

"高通量X射线分光任务卫星"也被称为"XMM-牛顿卫星",它是欧洲航天局发射的X射线天文台类型的重要太空望远镜,也是欧洲建造的体积最大的人造科学实验卫星。它在1999年12月10日发射升空,由欧洲航天局负责管理。它除了携带一个敏感度最高的X射线主望远镜以外,还携带了一个体积更小的监控望远镜,这台望远镜将在紫外光和可见光的范围内进行工作。这两台被并排放置的望远镜构成了整个X射线望远镜系统。此外,它们在太空中的天文观测目标是一致的。天文学家们利用这台X射线望远镜拍摄的详细的可见光图像,可以立刻锁定许多X射线源在太空中的位置。

 ▶ **钱德拉X射线天文台是如何被命名的?**

钱德拉X射线天文台最初的名字叫"高新X射线天体物理设备(AXAF)"。在这台太空探测设备被成功发射并进入预定轨道以后,人们为了纪念印度裔美籍天体物理学家苏布拉马尼扬·钱德拉塞卡(1910—1995),将这个天文台重新命名为"钱德拉X射线天文台",钱德拉塞卡还是诺贝尔奖的获得者。在北印度语中,"钱德拉"意为"月亮"。

▶ XMM-牛顿卫星获得了哪些天文发现？

XMM-牛顿卫星获得了许多天文发现，这其中包括：首先，直接探测到了物质掉入黑洞的过程；其次，详细地研究了超新星和其他恒星爆炸；再次，还观测到许多新的白矮星、中子星和类恒星天体。此外，它还首次对伽马射线爆发进行了观测。

▶ 钱德拉X射线天文台有哪些成果？

钱德拉X射线天文台是美国国家航空航天局有史以来发射的功能最全的X射线望远镜。它在1999年7月23日被"哥伦比亚号"航天飞机发射升空，它在较高的椭圆轨道内绕地飞行，该轨道的近地点位于6 200英里（1万千米）的高空，远地点位于8.7万英里（14万千米）的高空。尽管由于运行轨道的特殊加大了天文台的操作难度，但是正是该天文台特殊的运行轨道使天文学家们进行了许多在单一轨道高度无法进行的天文观测。钱德拉X射线天文台所获得的天体图像在分辨率方面要好于其他任何X射线望远镜所获得的天体图像。此外，它还传回了许多能量极高的复杂天文系统的图像，例如，超新星残余物、超级巨大的黑洞系统（包括位于银河系核心区域的"射手座A星"）、爆炸的恒星所发出的冲击波、位于"泰坦号"土星卫星表面的X射线阴影区域和由许多星系构成的温度高达几百万度的高密度星团。

紫外线太空望远镜

▶ 紫外线太空望远镜的工作原理是怎样的？

同X射线望远镜一样，紫外线望远镜也需要位于地球大气层的上方。它在镜面技术方面与可见光望远镜差不多，不过，为了对紫外光具有较高的敏感度，它的探测器在制造工艺方面很特殊。例如，它使用了特殊的电荷耦合元件（CCDs）和多正极微通道阵列（MAMAs）。目前，人类发射的体积最大的紫外线太空望远镜是哈勃太空望远镜。

▶ 第一批被部署在太空的紫外线望远镜有哪些？

第一批被部署在太空的紫外线望远镜包括8个轨道太阳天文台（OSO），它们在1962—1975年间被先后发射升空，它们可以被用来观测太阳发出的紫外线辐射。这些望远镜收集到的天文数据使科学家们对太阳的日冕层有了更加全面的了解。同时，一系列的轨道天文观测台（OAO）也被部署在太空中，它们主要被用来研究太阳以外的其他天体释放出的紫外线辐射，这其中包括了数千颗恒星、一颗彗星和许多星系。在1972—1980年，OAO系列卫星中的"哥白尼号"收集到许多恒星的数据和关于星际介质的温度、化学构成和物理结构的信息。

▶ 什么是IUE卫星？

IUE卫星是"国际紫外线探测卫星"的简称，它在1978年被发射升空，并于同年的1月26日获得了第一张天体的紫外线光谱图。这颗卫星自从1996年9月30日传回了最后一张科学光谱图以后，就再也没有向地球传回科学光谱图。不过，这颗卫星目前仍然在轨道内进行飞行。IUE卫星一共获得了超过10.4万幅天文图片，从而使天文学家们第一次准确地了解到行星、恒星和星系的紫外线特征。直到今天，天文学家们仍然会利用这些天文数据来解释近期观测到的一些天文现象。

▶ 什么是EUVE卫星？

EUVE卫星是"极端紫外线探测卫星"的简称，它是第一台用来在紫外光的最短波长范围内对宇宙进行天文观测的望远镜。这种紫外线辐射所释放出的能量几乎可以和X射线辐射释放出的巨大能量相提并论，所以EUVE卫星的制作工艺将紫外线望远镜的技术与X射线望远镜的技术有效地结合起来。它在1992年6月7日发射升空，并在太空中一直运行到2001年1月31日。在此期间，它取得了许多科学成绩，这其中包括：首先，完成了针对星表中的801个天体的全天巡天活动；其次，首次对银河系以外的天体进行了极端紫外线探测；再次，探测到恒星所释放出的极端紫外线光球辐射；此外，它还观测到某些特殊天体的活动,例如,矮新星内的"拟周期振荡"现象。

▶ 什么是FUSE卫星?

FUSE卫星是"远紫外线分光镜探测卫星"的简称,在1999年的6月24日发射升空。它是IUE卫星的"继任者"。它在设计上采用了许多新技术,例如,使用了4部分镜面,而不是只有一个主镜面。FUSE卫星的用途包括研究早期宇宙物质的分布和构成;研究星系中各种化学成分的分散作用;研究构成恒星和太阳系的星际气体云的特性。FUSE卫星利用3年的时间成功地完成了各项主要任务,接下来又开始完成后续任务。在此期间,它又在太空探测领域内完成了更多的任务,这些任务往往具有里程碑式的意义。这其中就包括:发现了在遥远的宇宙空间内存在重氢;在麦哲伦星云中观测到数百颗恒星。FUSE卫星在2007年10月18日正式退役。

▶ 什么是"星系演化探测器"太空探测任务?

"星系演化探测器(GALEX)"是在2003年4月28日发射升空的一台紫外线太空望远镜。一枚"珀加索斯号"火箭将"星系演化探测器"送入位于海拔432英里(697千米)高空的近圆轨道。"星系演化探测器"的主要任务是针对10万多个星系、恒星和其他天体进行紫外线成像和光度测定。"星系演化探测器"对温度极高的恒星具有很高的敏感度。这些恒星要么是非常年轻且亮度极高的主序恒星,要么是炙热的白矮星。"星系演化探测器"获得了许多关于恒星的形成和演变的重要发现,这些恒星有的位于地球附近的星系内,有的位于非常遥远的星系内。

伽马射线太空望远镜

▶ 伽马射线太空望远镜的工作原理是什么?

伽马射线是能量最高的电磁辐射,所以它们可以穿透任何镜面物质,即使在掠射角度的条件下也是如此。伽马射线望远镜所应用的技术不同于其他任何类型的望远镜，它包括针对塑料、气体和晶体所设计的闪烁探测器、编码孔板和阵列、火花室和硅微条探测器。

▶ 第一批伽马射线望远镜包括哪些？

早期的太空望远镜也探测到了一些伽马射线。不过，它们的探测效率很低，而且探测结果也不够准确。"探险家11号"在1961年探测到微弱的伽马射线流动。"轨道太阳天文台"的第三颗卫星（OSO-3）在1967年被用来探测宇宙中的伽马射线。1972年发射升空的"小型天文卫星2号"也是一个早期的伽马射线天文台。

▶ 什么是COS-B卫星？

COS-B卫星实际上是欧洲航天局发射的X射线望远镜和伽马射线望远镜，它在1975年8月9日—1982年4月25日进行了太空探测飞行。在这期间，它取得了许多重要的科研成果，这其中包括它为银河系绘制了第一张伽马射线图，观测到天鹅座X-3脉冲星，还发现了25个能量极高的伽马射线源。

▶ 什么是康普顿伽马射线天文台？

康普顿伽马射线天文台（CGRO）是美国国家航空航天局在太空中的4个大型天文台之一，它是一台高能天体物理学望远镜。它在1991年4月5日发射升空并进入了工作状态。在后来9年多的时间里，它先后进行了大量的天文观测。

康普顿伽马射线天文台主要包括4台科学实验设备，它们都在高能X射线天文学和伽马射线天文学领域内取得了重要的科学发现。"爆发和暂现源实验室（BATSE）"在全天的范围内监控恒星爆炸和伽马射线爆发，它的发现证明，伽马射线爆发是能量相当巨大的爆炸，它们会发生在银河系以外的其他星系内；康普顿天文望远镜（COMPTEL）每一次可以为将近1/10的太空成像；而"可变向闪烁光谱仪实验室"（OSSE）可以针对范围相对较小的太空区域进行详细的天文观测。天文学家们利用上述设备不仅可以为太阳、银河系和整个太空拍摄伽马射线图,而且还可以对它们进行最为详细的天文研究(OSSE甚至还发现了与银河系中存在的反物质流有关的证据)。此外,高能伽马射线实验望远镜(EGRET)还收集到关于能量极高的伽马射线的大量天文数据,它所进行的天文观测还使天文学家们发现了耀类星体。

什么样的意外发现使伽马射线天文学出现了繁荣的局面

在20世纪的60年代和70年代,美国政府发射了一些卫星,并使这些卫星绕地飞行。美国政府利用这些卫星来监督美苏签署的禁止核试验条约的执行情况。经过技术人员的设计,这些卫星上的探测器可以发现来自地球表面的伽马射线爆发,这种伽马射线爆发的存在暗示着地球表面发生了核爆炸。不过,让美国方面感到意外的是,这些卫星每隔几天就会发现一次伽马射线爆发,但是这些伽马射线爆发并不是来自地球的方向。科学家们意识到,这些伽马射线卫星一定发现了一种新的天文现象。当这些天文数据被公布以后,伽马射线天文学领域便开始繁荣起来。科学家们有的忙于进行相关领域的科学研究,有的忙于设计伽马射线望远镜。

康普顿伽马射线天文台是以谁的名字来命名的?

康普顿伽马射线天文台是以获得过诺贝尔奖的美国物理学家阿瑟·霍利·康普顿(1892—1962)的名字来命名的。他首先研究了X射线在晶体中的反射现象和X射线在物质中的散射现象。他还发现,当X射线的光子与电子发生相互作用时,它们会转移一部分自身的能量,这一效应在今天被称为"康普顿散射效应"(在与"康普顿散射效应"截然相反的效应中,亚原子微粒会把能量转移给X射线,从而加大了辐射的强度,像类星体等天体就是通过这种方式产生了能量极高的X射线和伽马射线)。

▶ 康普顿伽马射线天文台最终的命运如何？

康普顿伽马射线天文台的质量为将近17吨，它是人类有史以来发射的体积最大的太空望远镜。这也意味着当它离开运行轨道返回地球大气层时，大块的金属碎片可能会被保留下来并撞击地球的表面。当康普顿伽马射线天文台准备离开运行轨道返回地球大气层时，美国国家航空航天局的官员们意识到，如果让那些金属碎片任意地散落在地球的表面，那将是非常危险的。2000年6月4日，康普顿伽马射线天文台在地面技术人员的精确控制下返回了大气层，它的金属碎片散落在南太平洋海域，从而没有给人类带来任何危害。

▶ 什么是INTEGRAL卫星？

INTEGRAL卫星是"国际伽马射线天体物理学实验室"的简称，它是由欧洲航天局负责管理的伽马射线太空望远镜。2002年10月17日在位于哈萨克斯坦的拜科努尔航天中心由一枚"质子号"运载火箭发射升空。作为COS-B和CGRO的"继任者"，INTEGRAL卫星也携带了几台科学实验设备，它可以在伽马射线的范围内为天体成像并绘制光谱。它所携带的探测器可以在获取伽马射线数据的同时观测X射线和可见光，这使得它在研究恒星爆炸和类星体爆发等伽马射线所产生的天文现象时可以发挥重要的作用。INTEGRAL卫星取得了多项科研成果，这其中就包括在低能量的伽马射线辐射范围内完成了完整的全天巡天图。

▶ "雨燕号"卫星是什么样的？

"雨燕号"卫星是一颗体积中等的卫星，它是由美国国家航空航天局与英国和意大利有关方面研制的，2004年11月20日在佛罗里达州的卡纳维拉尔角发射升空。它可以在伽马射线、X射线、紫外线和可见光等多个波段进行工作。根据技术人员的设计，它特别被用来研究伽马射线爆发、确定它们的起源并判断它们是否可以被用来研究早期的宇宙。在"雨燕号"卫星上搭载了爆发警示望远镜（BAT）、X射线望远镜（XRT）和紫外线光学望远镜（UVOT）。其中，爆发警示望远镜是用来探测伽马射线爆发的伽马射线望远镜；X射线望远镜可以利用X射线辐射进一步确定伽马射线爆发的区域；而紫外线光学望远镜可以为产生伽马射线爆发的区域拍摄详细的图像，在图像中我们还可以看到伽马射线爆发后的余晖。"雨燕号"卫星可以在捕捉到伽马射线爆发的几秒钟内自动记录下3种不同的天文数据。与此同时，它还会把这些详细的数据信息传回地面，以便让天文学家们立即展开对伽马射线爆发的研究。"雨燕号"卫星除了可以用来研究伽马射线爆发以外，还可以用来完成其他的科学任务，例如，完成针对整个宇宙的敏感度极高的高能X射线巡天图。

四 勘查太阳系

关于宇宙勘查的基础知识

▶ 向遥远的天体发射宇宙飞船的目的是什么?

尽管位于地球表面和地球轨道内的望远镜都是获得天文发现的优秀太空探测设备,但是大量的天文信息在地球的附近是无法获得的。例如,仅仅依靠天文望远镜,我们根本无法利用灵活的探测方法(如锤打、钻孔和接近等方法)来获取某颗行星表面的详细信息,我们甚至无法了解月球表面的一块岩石。此外,由于某些位于天体表面和天体大气层中的天文现象非常渺小,即使体积最大的地基望远镜或太空望远镜也无法捕捉到它们的存在。同时,一些遥远的天体往往变得非常模糊。所以,要想对它们进行详细的观测,就必须靠近这些天体。

人类之所以向遥远的天体发射宇宙飞船,还有另外一个非常重要的原因,那就是让人类不断地尝试并发展先进的科学技术,从而使全人类在这一过程中不断地获益。实际上,人类在上述过程中会不断地学习、探索并创造新事物。

▶ 什么叫近天体探测飞行?

正如名字所暗示,近天体探测飞行是指宇宙飞船在太空飞行的过程中经过了一个天体。当飞船与该天体间的距离即将达到最大值、已经达到最大值或刚刚达到最大值时，飞船上的科学设备会尽可能多地收集与目标天体相关的信息，这一过程一直会延续到飞船远离该天体时为止。

▶ 什么叫"引力弹弓"？

"引力弹弓"也被称为"引力助推"或"绕行星变轨"。在这一过程中，宇宙飞船将会利用太阳系的某一个天体的引力改变自身的速度和运动方向。当然，由于这一过程非常复杂，所以技术人员要对飞船的飞行进行精心的设计。技术人员不但可以利用这种技术来节约燃料，还可以利用它来降低飞船的重量。上面两个因素对于飞船的成功运行是最重要的因素，同时它们还决定着飞船执行太空探索任务的时间。

 ▶ 难度最大的太空勘查任务是什么？

难度最大的太空勘查任务大概是宇宙飞船的着陆任务。在这一过程中，宇宙飞船不仅要在太空中的某个天体的表面成功着陆，还要从那里收集大量的信息并将它们传回地球。飞船在天体表面着陆的难度通常非常大，在这一过程中它还会消耗大量的燃料。所以，科学家和工程技术人员不但要精心设计建造飞船，而且要精心策划飞船所执行的太空探索任务，以避免飞船在撞击天体表面时发生损坏。这也是为什么飞船着陆迄今为止仍然是人类尝试得最少的太空探索任务。当然，飞船着陆任务一旦获得成功，飞船所传回的数据将不仅是最详细的而且是最新的。

▶ 什么是宇宙飞船的"入轨"？

宇宙飞船的"入轨"是指飞船在技术人员的控制下进入了围绕太阳系的某个天体飞行的稳定轨道内。与其他飞船技术相比，这项技术不仅需要精确的计算时间,而且需要消耗大量的燃料。所以,它在整个太空探索任务中是难度最大且最为复杂的技术。哪怕是很小的计算误差,都有可能使飞船消失在浩瀚的宇宙当中,或者使飞船撞击到某个天体,而飞船原本要围绕这个天体进行飞行。不过,一旦飞船的入轨获得了成功,它就可以在未来的数月或数年里为人类收集到大量详细的科学数据。

对太阳的勘查

▶ 人类向太阳发射过太空探测器吗?

由于太阳过于明亮,某些太阳研究无法在地球的表面进行。所以,人类将绝大多数用于研究太阳的宇宙飞船发射到地球轨道当中。在此类飞船当中比较有名的有:太阳峰年科学卫星(SMM)、太阳和太阳风层探测器(SOHO)和太阳过渡区与日冕探测器(TRACE)。此外,为了完成在地球表面无法进行的太阳研究,人类已经将一些宇宙飞船发射到围绕太阳飞行的特殊轨道内,这其中就包括"太阳神号"太空探测器和"尤利西斯号"太空探测器。

▶ "太阳神号" 太空探测器一共有几台?

1974年12月10日,"太阳神1号"太空探测器发射升空。1976年1月15日,"太阳神2号"太空探测器发射升空,这颗卫星是由美国和联邦德国共同研制的。这两艘宇宙飞船被发射到高椭圆轨道内,它的远日点大约距离太阳1个天文单位(9 300万英里)(1亿5千万千米),而它的近日点距离太阳只有0.3个天文单位(2 800万英里)(4 500万千米),这一距离还比不上太阳与水星之间的距离。

每个"太阳神号"太空探测器都携带了大量的科学实验设备,这些设备主要用于研究地球和太阳之间的空间环境。此外,它们还将用来研究太阳释放出的微粒辐射、太阳磁场的强度、黄道光、特别微小的小行星和各种宇宙射线。在20世纪80年代中期,它们完成了自己的科学探测任务。不过,直到今天,它们仍然

卡纳维拉尔角的技术人员在发射前检查"尤利西斯号"太空探测器的状况（美国国家航空航天局）。

在轨道内围绕太阳进行飞行。

▶ "太阳神号"太空探测器保持着哪项有趣的纪录？

由于"太阳神号"太空探测器的运行轨道是高椭圆轨道，它们在围绕太阳飞行的过程中会经历明显的速度变化。具体说来，它们在远日点的运行速度大约为4.5万英里/小时（7.3万千米/小时）；而它们在近日点的运行速度大约为15万英里/小时（24万千米/小时）。所以，这两个探测器至今仍然是人类历史上飞行速度最快的人造天体（其中，"太阳神2号"太空探测器要比"太阳神1号"太空探测器飞行得更快一些）。

▶ "尤利西斯号"宇宙飞船是什么样的？

"尤利西斯号"宇宙飞船是在1990年10月6日由"发现号"航天飞机发

射升空的，它是欧洲航天局和美国国家航空航天局的合作项目。在发射升空时，它与椭圆形轨道平面形成了一定的角度。就这样，它飞向了木星。1992年2月8日，它利用木星的引力助推作用成功地实现了变轨，进而摆脱椭圆轨道进入了围绕太阳运行的极地轨道。从此以后，"尤利西斯号"宇宙飞船就可以在非常有利的位置上对太阳和整个太阳系进行天文观测，这一点是其他太阳系内的天体根本无法做到的。"尤利西斯号"可以收集太阳极地地区的天文数据信息，这是其他太阳探测器无法做到的。同时，它还可以观测到位于太阳极地上方和下方的太阳活动。此外，它还被用来研究海尔-波普彗星和百武彗星。"尤利西斯号"还获得了一个令人吃惊的天文发现，那就是太阳的一个极地区域产生的太阳风比另一个极地区域产生的太阳风温度大约高出 100 000 ℉。

> 为了能够成功地靠近水星，"信使号"卫星在结构上具有哪些特点？

　　由于水星离太阳非常近，任何围绕水星运行的宇宙飞船必须能够抵御极高的温度和光通量，那里的温度会超过 800 ℉（427℃），光通量相当于地球的 11 倍。此外，它还要抵御强烈的太阳风。所以，为了保证"信使号"卫星在围绕水星飞行时始终保持较低的温度，技术人员为"信使号"装上了由陶瓷纤维布制成的太阳光防护装置。"信使号"卫星主要是由石墨环氧物质构成的。这样一来，卫星不但体积较轻而且非常结实。此外，它还携带了一整套的科学实验设备，其中包括双重图像摄像机系统、地磁仪、激光测高仪和 3 台分光仪。这 3 台分光仪将被用来研究伽马射线和中子、红外光、紫外光以及能量极高的粒子和等离子体。由于"信使号"卫星靠近太阳，它的太阳能电池板可以用来为卫星各系统提供电力。

针对水星和金星的太空勘查活动

▶ 第一个飞向水星的太空探测器是哪个探测器？

在1975年"水手10号"为水星拍摄照片以前，人们几乎对水星没有任何了解。"水手10号"在1974年2月首先靠近金星，然后又利用金星的引力助推作用飞向水星。经过7个星期的时间，"水手10号"接近水星。在针对水星进行的第一次近天体探测飞行的过程中，"水手10号"拍摄到水星表面40%的区域。这时，它距离水星只有不到470英里（750千米）。然后，这个探测器进入了围绕太阳飞行的轨道。在后来的一年中，它又在燃料耗尽以前两次经过了水星。

▶ 人类最近一次探测水星的任务是由哪个宇宙飞船来完成的？

在"水手10号"成功地完成了水星探测任务以后的30年间，人类没有向水星发射过任何宇宙飞船。2004年8月3日，美国国家航空航天局在佛罗里达州的卡纳维拉尔角利用德尔塔Ⅱ型火箭将"信使号（Messenger）"卫星送入太空，这颗卫星的原名叫"水星表面、空间环境、地质化学以及广泛搜索任务"。在3年的飞行当中，这颗卫星先后完成了针对地球的一次近天体探测飞行和针对金星的两次近天体探测飞行。2008年1月14日，它又靠近了水星。在未来的3年内，它还将针对水星进行两次近天体探测飞行。此后，它将进入围绕水星飞行的运行轨道并针对水星进行为期一年的详细天文探测活动。

▶ "信使号"宇宙飞船取得了哪些成绩？

"信使号"宇宙飞船获得了许多重要的科学发现。2008年1月，"信使号"针对水星进行了第一次近天体探测飞行，它为水星的一个侧面拍摄了大量照片，在此之前人类从未用肉眼观测过水星的这个侧面。科学家曾经根据"水手

"金星号"宇宙飞船是什么样的？

最初的"金星号"宇宙飞船重量为1 400磅（630千克），飞船的整体成圆柱形，飞船的顶部是圆盖形，在飞船的侧面分布着太阳能电池板。此外，在飞船的一侧还装有雨伞状的无线电天线。后来制造的"金星号"宇宙飞船不但体积更大，而且结构更加复杂。"金星4号"飞船和后来发射的"金星号"飞船都是由一个轨道舱和一个着陆舱构成的。最后两艘"金星号"宇宙飞船的重量分别都达到8 800磅（4 000千克）。

10号"在20世纪70年代收集到的科学数据得出结论：水星与月球非常类似。不过，"信使号"传回的信息表明，水星在地质演变方面非常活跃，在这一点上它与其他的行星完全不一样。此外，在水星的表面分布着长长的断层线，在卡洛里斯盆地的中心分布着明显的蜘蛛网状的地质构造，在金星磁层中分布着相当大的压力。

▶ 人类发射的第一艘用于研究金星的宇宙飞船是哪艘飞船？

人类发射的第一艘执行金星探索任务的宇宙飞船是"金星号"（Venera）太空探测器。"Venera"一词在俄语中的意思是"金星"。"金星号"太空探测项目是苏联在1961—1983年为了探测金星而进行的航天项目。在这个项目中，苏联一共发射了16艘宇宙飞船。在此期间，金星探索活动几乎成了苏联自己的科研领域。

▶ "金星号"太空探测项目的历史进程是怎样的？

"金星号"太空探测项目的开端并不是十分顺利，苏联在1961—1965年间发射的前3艘"金星号"宇宙飞船都没有成功地完成它们的历史使命。其中，前两艘"金星号"飞船在到达金星以前就与地面失去了联系；而"金星3号"在金星表面着陆时坠毁。此后，这个项目的其他飞船均成功地获得了科学数据。"金星4号"在1967年10月18日到达金星，使着陆舱进入金星的大气层并开始实施着陆。在接下来的94分钟里，它收集并传回了关于金星大气层的科学数据。此后，由于金星大气层的压力非常强，飞船的着陆舱最终被压瘪了。1970年8月17日成功发射的"金星7号"，于同年的12月15日在金星的表面成功着陆，这也是宇宙飞船第一次在其他行星的表面实现软着陆，飞船所携带的冷却装置帮助"金星7号"在金星的表面停留了23分钟的时间。"金星8号"在金星的表面停留了50分钟的时间。"金星11号""金星12号""金星13号"和"金星14号"也分别成功地在金星的表面实现了着陆。这些飞船的着陆舱在金星的表面获得了多项科学数据，这其中包括：到达金星表面的太阳光的数量、金星的大气层和表面岩石的化学构成、金星大气层中存在的闪电现象。

"金星15号"和"金星16号"在1983年10月到达金星。这两艘宇宙飞船并没有向金星的表面投掷探测器，它们在进行在轨飞行的同时利用多普勒雷达成像系统为金星的表面拍摄了大量翔实的图片。1984年一年，它们为金星北半球的大部分地区拍摄了图片，其中包括某些在遥远的过去有可能分布着大量的火山的地区。

▶ 什么是"织女星号"太空探测项目？

"织女星号"太空探测项目由两个太空探测器组成，苏联在1984年12月将它们分别发射升空，发射时间间隔6天。它们的探测目标是金星和哈雷彗星。每艘飞船的长度大约为36英尺（11米），飞船中间的主体部分为圆柱形，用于通信联系的天线和为飞船提供电力供应的太阳能电池板位于飞船的主体部分。此外，在飞船的一端携带了一个着陆舱，在另一端装有一个实验平台，许多国家在这个实验平台上进行科学实验，其中包括苏联、法国、德国和美国。虽然这种国际空间合作在今天是非常普遍的，但是各国利用"织女星号"进行的国际合作在当时还是为太空探索领域开创了国际空间合作的先河。

▶ "织女星号"太空探测器获得了哪些成绩？

"织女星1号"在1985年6月11日针对金星进行了近天体探测飞行，同时它还将一个科学实验舱和由高海拔气球携带的实验设备抛向金星。科学实验舱在金星的表面成功地实现着陆，并在接下来的2小时内传回了大量的图片和其他科学数据。与此同时，那个充满氦气的气球携带着各种科学实验设备在金星的大气层中盘旋了两天的时间，它的飞行高度大约为31英里（50千米）。在此期间，气球在风的作用下渐渐地远离了最初的位置，气球最终的位置与最初的位置相距6 200多英里（1万多千米）。气球上的实验设备收集到关于金星大气层的温度、压力及风速等有价值的科学数据。几天以后，"织女星2号"又将上述科学实验过程完整地重复了一遍。

"织女星号"将科学实验设备留在金星表面以后，又继续利用金星的引力助推作用向前进发，它的下一个目标是哈雷彗星。1986年3月6日，"织女星1号"到达距离哈雷彗星的彗核不到5 600英里（9 000千米）的地方；3天以后，"织女星2号"也到达了距离哈雷彗星最近的地方。这两个太空探测器收集了大量与哈雷彗星有关的科学数据，欧洲航天局利用其中的一些数据重新调整了用于探测哈雷彗星的"吉奥托号"探测器的位置。在经过哈雷彗星以后，"织女星号"飞船继续围绕太阳进行在轨飞行。1987年的早些时候，"织女星号"飞船完成了自己的历史使命。

▶ 美国在20世纪60年代和70年代分别向金星发射了哪些太空探测器？

美国第一艘成功地到达金星所在的太空区域的宇宙飞船是"水手2号"，这艘飞船于1962年在金星的上空飞过。1974年，"水手10号"又一次实现了针对金星的近天体探测飞行。这一次，"水手10号"还拍摄了大量关于金星的近距离图片。

1978年，美国为了进一步探索金星，又发射了两艘宇宙飞船。其中第一艘被称为"金星先锋号太空船（PVO）"，它是在1978年5月20日发射升空的。它研究了金星的大气层并为金星表面大约90%的地方拍摄了图片。它还观测到在金星附近飞过的几颗彗星，并获取了关于神秘的伽马射线爆发的科学信息。1992年10月，"金星先锋号太空船"在耗尽燃料以后落入了金星的大气层中并最终被烧毁。1978年8月8日，"金星先锋号系列太空探测器"（PVM）发射升空。这个飞船实际上是由4个太空探测器构成的，它们起初被分布在金星的周围，接下来又穿越金星的大气层，到达了金星的表面。在此期间，它们分别测量了金星大气层的温度、压力、密度及不同海拔高度的化学构成。其中的一个探测器在撞击了金星的表面以后仍能继续工作，在此后的67分钟内，它在金星的表面为人类传回了许多科学数据。

▶ 针对金星进行的"麦哲伦号"太空探索任务的内容是什么？

"麦哲伦号"宇宙飞船是以16世纪葡萄牙航海家麦哲伦的名字来命名的，这艘飞船在1989年5月4日被美国国家航空航天局发射升空，它是第一艘由"亚特兰蒂斯号"航天飞机发射升空的科学飞船。1990年8月10日，这艘飞船到达了金星。天文学家们利用飞船携带的精密多普勒雷达成像系统以及利用高度测量技术和辐射度学获得的科学数据，对金星进行了科学测算和图像拍摄，这次科学实验在精确度方面已经提高到前所未有的程度。"麦哲伦号"对金星表面98%的区域完成了三维立体图像的拍摄，它所进行的科学测算的误差不超过100米（330英尺）。

在完成了针对金星的雷达成像任务以后，"麦哲伦号"又向地球传回了稳定的无线电信号。天文学家们通过分析信号频率的变化，可以绘制出金星引力场的分布图。"麦哲伦号"在成功地完成了为期4年的金星探索任务以后，于1994年的10月11日完成了自己的历史使命。"麦哲伦号"在地面技术人员的控制下

▶ **当"麦哲伦号"宇宙飞船围绕金星进行飞行时，地面的技术人员首次完成了哪项技术操作？**

地面的技术人员利用"麦哲伦号"宇宙飞船对一项新的航天技术操作进行了实验。这项技术实际上是利用大气层的摩擦来降低或控制宇宙飞船的飞行速度，它在后来研制行星着陆飞船的过程中发挥了重要的作用。

"麦哲伦号"宇宙飞船1989年发射前被安装在一个助推火箭上（美国国家航空航天局）。

进入了金星的大气层并坠落在金星的表面。这是行星探测器有史以来第一次在技术人员的控制下结束了自己的生命历程。

▶ 什么是"金星快车"？

"金星快车"太空探索任务是由欧洲航天局负责设计和实施的项目。它于2005年11月9日在哈萨克斯坦的拜科努尔航天中心被"联盟号"运载火箭发射升空。"金星快车"于2006年4月11日到达金星，并进入了椭圆形的准极地轨道进行飞行，它的运行周期为24小时。

▶ 到目前为止，"金星快车"已经取得了哪些科研成绩？

"金星快车"利用包括摄像机、分光计、磁力计在内的一整套科学实验设备，详细地研究了金星的大气层、金星的电磁特征和金星的表面。它还帮助人类在金星的逃逸温室效应领域取得了重大进展。此外，它还利用红外光研究了金星的表面和大气层，并有可能证明在金星上也存在闪电现象。

人类对火星的勘查活动

▶ 苏联进行了哪些针对火星的太空探索项目？

苏联是第一个向火星发射宇宙飞船的国家。在经历了许多不成功的尝试以后，苏联在1962年的晚些时候发射了"火星1号"宇宙飞船。然而，这艘飞船在几个月以后就与地面失去了无线电联系。1971年，苏联成功地发射了围绕火星飞行的"火星2号"宇宙飞船和"火星3号"宇宙飞船。这两艘飞船不仅都携带了着陆装置，而且都成功地将着陆装置抛落在火星的表面。然而，这些着陆装置在几秒钟以后就与地面失去了无线电联系。1973年，苏联又向火星发射了4艘宇宙飞船，其中的一艘飞船成功地传回了关于火星的科学数据。

▶ 苏联进行的"福波斯号"太空探测计划是怎么回事？

1988年，苏联又一次对探测火星产生了兴趣。苏联向火星的卫星"福波斯"发射了两艘完全相同的宇宙飞船，即"福波斯1号"和"福波斯2号"。在火星的诸多卫星当中，"福波斯"是体积较大的。不过，"福波斯1号"和"福波斯2号"在到达目的地以前都与地面失去了联系。

▶ 首批到达火星的"水手号"美国宇宙飞船有哪些？

作为第一艘美国的火星探测器，"水手4号"在1965年7月14日针对火星进行了近天体探测飞行，它传回了22幅关于火星的图片，从而使我们第一次

这是一幅由"海盗2号"宇宙飞船拍摄的关于火星低海拔平原的图片（美国国家航空航天局）。

大致地了解火星布满陨石坑的表面。它还对火星稀薄的大气层进行了探测，结果发现火星的大气层主要是由二氧化碳构成的，火星大气层在密度方面还不及地球大气层的1%。1969年，"水手6号"和"水手7号"先后针对火星进行了近天体探测飞行，它们一共传回了201幅关于火星的新图片。与此同时，它们还详细地探测了火星表面、火星两极以及火星大气层的物理结构和化学构成。

▶ 第一艘围绕火星飞行的宇宙飞船是哪艘飞船？

1971年，"水手9号"成为第一艘围绕火星飞行的宇宙飞船。在围绕火星飞行的过程中，"水手9号"不仅传回了关于火星表面剧烈的沙尘暴的图片，还为"福波斯"和"迪摩斯"这两颗火星的卫星拍摄了大量图片，这些图片能够反映出两颗卫星90%的表面状况。

▶ 第一艘成功地在火星的表面实现着陆的宇宙飞船是哪艘飞船？

1976年，美国发射的宇宙飞船"海盗1号"和"海盗2号"先后于6月19日和8月7日到达火星。它们都是由轨道舱和着陆舱组成的。"海盗1号"于7月20日在火星表面的克里斯平原实现着陆，"海盗2号"于9月3日在低海拔平原实现着陆。它们的轨道舱不但传回了大量关于火星的翔实图片，而且针对火星进行了辐射测量。此外，它们还报告了整个火星表面的天气状况。它们的着陆舱则第一次在另一颗行星的表面为人类传回了关于这颗行星的科学图片。

▶ "海盗号"宇宙飞船的着陆舱一共拍摄了多少幅关于火星表面的图片？

"海盗号"宇宙飞船总计传回了5.6万多幅关于火星表面的图片。

▶ "海盗号"宇宙飞船是由哪些部分构成的？

"海盗号"宇宙飞船包括轨道舱和着陆舱两部分。轨道舱是一个八面体的结构，它的宽度大约为8英尺（2.4米）。飞船的绝大多数控制系统都位于轨道舱内。火箭的发动机和飞船的燃料储存装置被安装在轨道舱的后部。飞船的太阳能电池板从飞船的另一侧向外伸展。这些太阳能电池板在太空中可以进一步伸展，形成一个十字形的结构，此时它的宽度大约为32英尺（10米）。轨道舱还包括一个可以移动的平台，许多实验设备就被安装在这个平台上，这其中就包括两台电视摄像机和用来测量火星表面温度和火星表面的水的化学成分的实验设备。

"海盗号"宇宙飞船的轨道舱和着陆舱加在一起有16英尺（5米）高。它的着陆舱的主体部分是一个六面体结构，这个六面体具有长边与短边交替分布的特点。在短边所在的每个侧面都装有一个着陆装置，这些着陆装置还带有圆形的着陆架。在这个六面体长边所在的一个侧面有可以远程控制的机械臂，这个尖尖的装置看上去就像从飞船的一侧延伸出来的第四条腿，它可以被用来收集土壤的样本。这些土壤样本接下来将被送往飞船的生物分析系统，并在那里接受各种实验分析。其他安装在着陆舱顶部的实验设备包括：两台圆柱形的电视摄像机、一台用来测量火星表面的地震状况的地震仪、一套分析火星大气层的实验装置和一个无线电圆盘天线。在着陆舱的下面是减缓着陆舱下落速度的火箭系统，火箭推进剂被储存在位于着陆舱另一侧的燃料储存装置中。

▶ 人类发射的第一艘可以移动的行星探测器是哪艘飞船？

"火星探路者号"宇宙飞船是在1996年12月4日发射升空的，它于1997年7月4日在火星的表面着陆。成功着陆以后，"火星探路者号"所携带的"旅居者号"火星车缓缓地驶离了飞船。"旅居者号"也因此成为历史上第一辆依靠自身的动力装置在其他行星的表面行驶的机器人动力车。

▶ "火星探路者号"宇宙飞船在火星的表面发现了什么？

"火星探路者号"宇宙飞船装有一台可以进行360旋转的立体摄像机，由于立体摄像机安装了相距几英寸的两个镜头，所以科学家们既可以将镜头拉近以获取火星表面的详细图片，也可以获得关于火星的三维立体全景图片。此外，"火星探路者号"还发现，从火星的表面看去，火星的天空呈现出略带粉色和黄色的红色，这主要是由于在火星的大气层中存在数量不等的尘埃微粒。"火星探路者号"一共为火星拍摄了1.65万多张电子图片。

"火星探路者号"宇宙飞船正位于卡纳维拉尔角的178号复合式发射台上，技术人员正在为飞船执行火星太空探测计划进行准备工作（美国国家航空航天局）。

▶ 什么是卡尔·萨冈纪念站？

为了纪念美国著名的天文学家卡尔·萨冈，"火星探路者号"宇宙飞船最终被重新命名为卡尔·萨冈纪念站。卡尔·萨冈在20世纪的晚期努力地推广天文学和天体物理学，从而给整整一代太空科学家带来了科学灵感。

▶ "旅居者号"火星车的工作原理是什么？

"旅居者号"火星车的高度仅有1英尺（0.3米），它的长度和宽度分别为2英尺（0.6米）和1.5英尺（0.45米）。它缓缓地驶离了"火星探路者号"飞船。这台火星车依靠自身的6个轮子每天能够行进几英尺，它的太阳能电池板可以把太阳能转化为电能，并最终为电池充电。实际上，"旅居者号"火星车是在科学家的远程遥控下进行运动的。

▶ "火星探路者号"宇宙飞船和"旅居者号"火星车工作了多长时间？

"火星探路者号"宇宙飞船和"旅居者号"火星车分别工作了大约3个月的

时间，这已经远远地超出了它们的设计使用期限。按照科学家们最初的设计，"火星探路者号"将工作30天的时间，"旅居者号"只能工作7天的时间。"火星探路者号"宇宙飞船和"旅居者号"火星车一共拍摄了1.7万张关于火星的图片，在这其中有550张是利用"旅居者号"的移动摄像机拍摄的。此外，它们还收集到2 300兆字节的科学数据。

▶ "火星探路者号"太空探索任务有何创新之处？

作为第一个系列太空探测器，"火星探路者号"获得了极大的成功。正如美国国家航空航天局的行政官丹·古德林所描述："这一太空探索项目不仅速度更快、成本更低，而且效果更好"。这一项目的总造价大约为2亿美元，这一成本仅仅大约相当于20年前探测火星的"海盗号"宇宙飞船的造价的1/20。"火星探路者号"首创了"跳跃式着陆"的技术，技术人员经过精密的计算将它的风险降到了最低。"火星探路者号"太空探索项目的成功表明，人类完全可能在运行成本极低的前提下获得大量的科学数据。从此，人类的空间探索出现了一个新的趋势，这一新趋势主要体现在飞船研制领域。人类以前研制的那些飞船不但成本高、结构复杂，而且功能单一，此后人们研制的飞船不仅成本低、功能齐全，而且可以胜任同样的科学任务。

▶ "旅居者号"火星车携带了哪些科学实验设备？

在"旅居者号"火星车所携带的科学实验设备当中，包括一台阿尔法-质子X射线分光计，它可以分析火星表面的土壤和岩石的化学构成。"旅居

这是"火星探路者号"宇宙飞船拍摄到的火星的360全景照片（美国国家航空航天局）。

者号"火星车在火星表面遇到了几块形状特殊的岩石，研究"火星探路者号"飞船的科学家给它们起了一些有趣的名字，例如"瑜伽行者"和"巴纳克尔·比尔"。

▶ "火星环球观测者号"宇宙飞船有哪些作用？

"火星环球观测者号"（MGS）宇宙飞船于1996年11月7日在卡纳维拉尔角被美国国家航空航天局用"德尔塔7925号"火箭发射升空。它的主要任务是探测火星并传回关于火星的气候和自然景观的变化信息。"火星环球观测者号"于1997年9月11日到达了火星。这艘宇宙飞船实际上是利用"火星观察者号"的许多部件制成的。在"火星环球观测者号"被发射升空以后，它的一个太阳能电池板起初没能正常地展开。这时，科学家们对"火星环球观测者号"的命运也表现出担忧。

"火星环球观测者号"利用火星大气层的摩擦，调整并延缓飞船的飞行速度，进而使飞船成功穿越了火星的顶层大气层。后来，"火星环球观测者号"在近圆轨道内飞行了1年多的时间。从1999年3月起，"火星环球观测者号"开始

"火星环球观测者号"首次为人类拍摄了火星北极的三维立体图片（美国国家航空航天局）。

为火星的表面拍摄图片。科学家们通过节约飞船的燃料和电力供应, 成功地将
"火星环球观测者号"的使用周期延长了5年多的时间。"火星环球观测者号"
在2006年11月与地面失去了联系, 它所拍摄的火星图片要多于其他任何火星
探测器。

没有获得成功的火星勘查任务

▶ 什么是"火星观察者号"太空探索任务?

与"海盗号"太空探索任务一样, 许多针对火星的太空探索任务都以失败告
终, 其中一个特别典型的例子就是美国国家航空航天局的"火星观察者号"太空
探索任务。"火星观察者号"于1992年9月25日发射升空, 这个总造价为10亿美
元的太空飞船具有强大的科学实验功能。然而, 1993年8月21日, 在飞船还有3
天就即将进入围绕火星运行的轨道的时刻, 控制飞船的技术人员突然失去了同
飞船的联系。从此以后, "火星观察者号"就杳无音信了。技术人员后来经过调
查, 怀疑也许是由于飞船推进系统的一段管子发生了破裂, 从而使整个飞船系统
失去了控制。

▶ 什么是"火星-96号"太空探测任务?

在苏联解体以后, "火星-96号"太空探测任务成为俄罗斯航天局的核心
项目。"火星-96号"宇宙飞船是由一个轨道舱、两个小型的空间站和两个"穿
透探测器"组成的。这两个小型空间站将会降落在火星的表面, 而"穿透探测
器"则会穿过火星的表面考察火星的地下环境。这艘宇宙飞船为了研究火星
的表面、大气层和磁场携带了大量的科学实验设备。"火星-96号"在1996年
11月16日发射升空。不幸的是, 它并没有进入预定轨道。当飞船从大西洋上
空飞过时, 由于飞船发射器的第四级火箭没能正常点火, 结果导致飞船落入了
南美洲附近的南太平洋海域。不过, 俄罗斯航天局还将向火星发射另一艘宇
宙飞船。

▶ 什么是"希望号"太空探测任务?

日本航天局在1998年7月4日向火星发射了"希望号"宇宙飞船。按计划,这艘飞船将用15个月的时间到达火星。不过,由于飞船的推进器出现了故障,飞船的飞行一开始就遇到了麻烦。在此后的5年中,科学家和技术人员努力地使飞船能够飞向火星。到2003年时,似乎飞船的飞行终于要获得成功了。然而,在2003年12月9日那一天,人们对飞船的希望又突然破灭,这主要是由于飞船的飞行控制装置无法引导飞船正常入轨。"希望号"在经过火星时距离火星大约630英里(1 000千米)。然后,"希望号"进入了围绕太阳飞行的运行轨道。

 ▸ **为什么向火星发射宇宙飞船的难度非常大?**

当一些太空飞船的发射获得成功以后,这些飞船的名字马上就会变得家喻户晓。但是,绝大多数人没有意识到太空探测在一般情况下难度相当大。人们对于探索那些距离地球非常遥远的行星的难度就了解得更少了。其实,从技术层面上,如何保证航天器安全地到达行星本身就是一个巨大的挑战。幸运的是,虽然人类在过去的几十年里在航天领域经历了许多失败,但是同时也获得了许多成功。

▶ 什么是火星气候探测器和"火星极地登陆者号"宇宙飞船?

1998年12月11日,美国国家航空航天局第一次发射了一对火星探测器,它们被称为火星气候探测器(MCO)。1999年1月3日,"火星极地登陆者号(MPL)"宇宙飞船也成功地发射升空。按计划,火星气候探测器将在1999年10月进入围绕火星飞行的运行轨道并开始向地球传回数据;而"火星极地登陆者号"宇宙飞船将于同年的12月到达火星并考察火星表面是否存在液态水和其他物质。同时，"火星极地登陆者号"会将收集到的科学信息通过火星气候探测器传回地球。

1999年9月23日，火星气候探测器为了保证飞船入轨并围绕火星飞行，对它的主推进器实施了点火。就在这个时候，控制飞船飞行的技术人员突然与飞船失去了联系。技术人员经过一番调查发现，由于飞船导航系统的软件系统在进行计算时，用错了与力学有关的数学单位，飞船系统所采用的火箭推力在数量方面出现了错误。正是由于粗心大意所引起的简单错误，使火星气候探测器最终撞到了火星的表面。科学家们迅速将经过修正的信息传送给"火星极地登陆者号"宇宙飞船，从而避免了这艘飞船重复同样的命运。

1999年12月3日，"火星极地登陆者号"开始实施软着陆。当飞船还有不到12分钟的时间就将在火星的南极附近着陆时，地面的控制人员突然与飞船失去了联系。后来的调查结果显示，当"火星极地登陆者号"距离火星表面还有100多英尺时，由于飞船发动机错误地实施了关闭操作，从而使飞船在火星的表面坠毁。

21世纪的火星探测任务

▶ 什么是"2001奥德赛火星探测器"？

"2001奥德赛火星探测器"之所以采用这种命名方法，在一定程度上是为了纪念阿瑟·克拉克所撰写的经典科幻小说《2001宇宙奥德赛》。美国国家航空航天局在2001年4月7日利用德尔塔Ⅱ型火箭将这艘飞船发射升空。2001年10月24日，这艘飞船成功地进入了预定轨道。在这艘飞船上主要装有3台科学实验设备，它们分别是热辐射成像系统、伽马射线分光计和火星辐射环境实验设备。在2002年2月至2004年8月间，"2001奥德赛火星探测器"成功地完成了主要科学实验任务。从2004年8月24日起，它的使用期限被正式延长了。

▶ "2001奥德赛火星探测器"取得了哪些科学成绩？

"2001奥德赛火星探测器"首先对火星的特征进行了研究，这其中就包括对火星的气候、地质历史和支持生命存在的潜力的研究。其次，它还为未来的火星探测器寻找了合适的着陆地点。再次，这艘飞船还利用自身优越的通信系统，成为介于地面全体工作人员和"勇气号""机遇号"火星车之间的主要通信中继站。

 ▶ 火星探测器所取得的最重要的科学发现是什么？

到目前为止，火星探测器所取得的最重要的科学成就，是通过科学证据证明不仅在火星的表面曾经存在液态水，而且在火星表面以下目前仍然存在液态水。科学家们在对地球进行勘测时，曾经使用过人造卫星。天文学家们利用同样的方法在火星地壳的表面和内部发现了某些物质，它们的存在证实了火星上的某些岩石一定形成于存在液态水的环境中。同时，还发现在火星的表面曾经存在液态水的化学证据。此外，他们还发现，近期在火星内部曾经出现过类似于间歇泉的地质活动，水流从峡谷岩壁的缝隙中涌出。天文学家们甚至在火星的地下发现了一个面积非常广阔的冰河，它的面积要超过宾夕法尼亚州、俄亥俄州、印第安纳州、肯塔基州和伊利诺伊州的面积总和。

▶ 什么是"火星快车号"宇宙飞船？

"火星快车号"宇宙飞船是欧洲航天局向火星发射的宇宙飞船，它是由15个国家共同建造的，整个飞船的研发工作由法国负责协调。"火星快车号"是由一个轨道舱和一个着陆舱组成的，它的着陆舱被命名为"猎犬2号"。2003年6月2日，"火星快车号"在位于哈萨克斯坦的拜科努尔航天发射场由俄罗斯的"联盟-弗里盖号"火箭发射升空。在圣诞节那天,飞船进入了围绕火星飞行的轨道。当还有6天就到达火星时,"火星快车号"将"猎犬2号"着陆舱投向火星的表面。不幸的是,"猎犬2号"着陆舱与地面失去了联系。

令人欣慰的是,"火星快车号"宇宙飞船所执行的太空探索任务获得了圆满的成功。它的使用期限比最初的设计多了两年的时间。在超期服役期间,它不仅继续为地面传回关于火星的详细图片和数据,而且成为其他火星探测器向地面传输数据的中继站。

▶ 什么是火星勘测轨道飞行器?

火星勘测轨道飞行器(MRO)于2005年8月12日在佛罗里达州卡纳维拉尔角由"阿特拉斯号"V-401火箭发射升空。2006年3月10日,它顺利地到达了火星。在后来的6个月里,它利用"空气制动"从最初的高椭圆轨道渐渐转入近圆轨道。在围绕火星飞行的过程中,它拍摄了关于火星的地质特征和表面状况的最翔实的图片。此外,它还成功地为其他火星探测器进行了通信中转。在未来的若干年里,它将继续执行这一重要的任务。到2007年11月,火星勘测轨道飞行器已经累计传回了26万亿字节的科学数据,这一数量已经超过了所有火星探测器获得的科学数据的总和。

▶ 什么是"火星探测漫游者号(MER)"太空探索计划?

"火星探测漫游者号(MER)"太空探索计划是建立在"火星探路者号"全面获得成功的基础上,它主要利用可以移动并受到远程遥控的机器人漫游车对火星的表面进行探测。出人意料的是,它所携带的两个飞船(即"勇气号"和"机遇号"漫游车)都成功地完成了任务。它们获得的科学数据使人们对火星的地质演变有了全新的认识。

▶ "勇气号"和"机遇号"是在什么时候、通过什么方式在火星表面着陆的?

"火星探测漫游者A"也被称为"勇气号",它是2003年6月10日在佛罗里达州卡纳维拉尔角发射升空的，它于2004年1月3日到达了古瑟夫环形山。"火星探测漫游者B"也被称为"机遇号"，它是在2003年7月7日发射升空的，它于2004年1月25日到达了子午线平原。实际上，"机遇号"所在的位置正好与"勇气号"所在的位置相对。与此前的"火星探路者号"一样，"勇气号"和"机遇号"在着陆时也利用降落伞和火箭将自己的飞行速度从1.2万英里/小时（1.2万千米/时）降低到12英里/小时（19千米/时），然后在18英尺（5米）高的缓冲气垫上不断地翻筋斗和跳动，直到最终静止下来。"勇气号"和"机遇号"的着陆进行得都非常成功。

▶ "勇气号"和"机遇号"火星探测器的结构是什么样的？

根据人们的设计，"勇气号"和"机遇号"火星探测器实际上是扮演机器人地质学家的角色。它们的体积与高尔夫球比赛时用的小手推车差不多，它们的重量基本相当。它们的运行速度大约为每天130英尺（40米），这一速度就相当于加拉帕格斯龟的运动速度。地球上的地质学家在进行科考远征时会携带许多科学实验设备，这其中的许多设备也被应用于"勇气号"和"机遇号"。此外，"勇气号"和"机遇号"还要接受地面科学家的远程遥控。当然，在飞船的设计程序中，由于考虑到飞船会在火星的表面临时遇到一些特殊情况，特意为飞船设计了一些自主应对突发情况的程序。

▶ "勇气号"和"机遇号"火星探测器还携带了哪些其他的实验设备？

"勇气号"和"机遇号"火星探测器所携带的主要实验设备包括：一台立体全景摄像机、一台微型热辐射分光计（Mini-TES）、一台穆斯堡尔谱分光计、一台阿尔法微粒X射线分光计和一台显微影像仪。其中，立体全景摄像机可以用来研究近处和远处的地形；微型热辐射分光计可以用来研究火星上的岩石、土壤和大气层；穆斯堡尔谱分光计主要对包含铁的岩石和土壤进行详细的矿物学研究；阿尔法微粒X射线分光计主要用来分析岩石和土壤的化学构成；而显微影像仪则可以用来拍摄分辨率极高的火星岩石和土壤的近距离图片。

▶ "勇气号"火星探测漫游车取得的重要科研成果有哪些?

"勇气号"是在广阔而平坦的古瑟夫环形山地区进行着陆的,这里到处分布着岩石。科学家们认为,这一地区很有可能曾经是一处河床,在几百万年前甚至几十亿年前,这里的河水全部干涸了。为了纪念"哥伦比亚号"航天飞机和它的宇航员,人们将"勇气号"命名为哥伦比亚号纪念站。"勇气号"研究了着陆点附近的许多岩石,并找到了有力的证据,证明这一地区的地质结构是在很久以前形成的,当时的环境中存在液态的水。科学家们为火星表面的许多岩石起了有趣的名字,例如,"阿德朗代克""咪咪"和"汉弗里"。"勇气号"慢慢地移动到距离哥伦比亚号纪念站400码(365米)的波奈维尔环形山。在此后的两年中,"勇气号"又开始向几英里以外的哥伦比亚山进发。

"勇气号"从哥伦比亚号纪念站出发一共行进了大约5英里(8 047米)。在大约3年的时间里,"勇气号"建立了一个新的临时观测基地,这个基地位于布满岩石的"本垒高原"上。"勇气号"就停留在一个朝北的山坡上。科学家们希望它可以获得充足的太阳光,从而使太阳能电池板为火星车过冬提供足够的电力。

▶ "岩石磨蚀工具"这种科学实验设备在火星探测活动中的作用是什么?

"岩石磨蚀工具(RAT)"是"勇气号"和"机遇号"火星探测器所携带的科学实验设备。这个体积与人的手掌差不多的设备看起来非常漂亮。当它在火星的表面遇到岩石时,可以将岩石外面薄薄的一层磨碎,从而使科学家们研究岩石的内部结构,看看它们是否由于气候的原因或辐射的原因发生了改变。

▶ "机遇号"火星探测漫游车取得的重要科研成果有哪些?

"机遇号"在面积广阔的子午线平原实现了着陆,它的着陆地点恰好位于一个小型环形山的中间地带。这个宽度为60英尺（18米）的环形山被命名为"鹰坑"，这主要是为了纪念"阿波罗-11号"的登月活动。"鹰坑"也被称为"石头山"、"艾克匹毯峰"或"机遇矿层"。"机遇号"在研究了"鹰坑"的地质结构以后，又利用自己的一个轮子挖出了一个浅浅的沟渠，这主要是为了进一步研究位于火星表面以下的土壤。

接下来"机遇号"开始向"耐力环形山"进发。"机遇号"对"耐力环形山"进行了为期6个月的勘探活动。在此期间，它发现了一块被命名为"隔热屏岩石"的陨石，这是人类第一次在地球外的其他天体表面发现陨石。2005年4月，在"机遇号"着陆2年多后，这台火星车意外地陷入了一个沙丘当中，许多科学家将这个沙丘称为"炼狱式沙丘"。科学家们和技术人员经过近2个月的精心策划和精心操作，终于使"机遇号"在2005年6月4日摆脱了"炼狱"。此后"机遇号"又开始驶向"维多利亚环形山"，这个环形山距离"机遇号"着陆点4英里。自着陆以来，"机遇号"总计行驶里程已超过了7英里（11.2千米），它还保持着582英尺（177.5米）的单日行驶里程的最高纪录。

针对外层空间的行星所进行的勘查活动

▶ 什么是"先锋号"太空探索计划？

1958年，美国的国防部和刚刚成立的美国国家航空航天局为了执行"先锋号"太空探索计划，开始发射"先锋号"太空探测器。这些探测器将会越过地球轨道，收集关于太阳系天体的科学数据信息。

▶ 早期的"先锋号"探测器有哪些？

前3个"先锋号"探测器的形状与鼓的形状非常类似，每个飞船的重量都是84磅（38千克）。按计划，它们将进入围绕月球飞行的轨道。不走运的是它们最终都没能摆脱地球的引力。与前3个探测器相比，"先锋4号"的体积要小得多，它的有效荷载仅为13磅（6千克）。按照最初的设计，"先锋4号"将不会

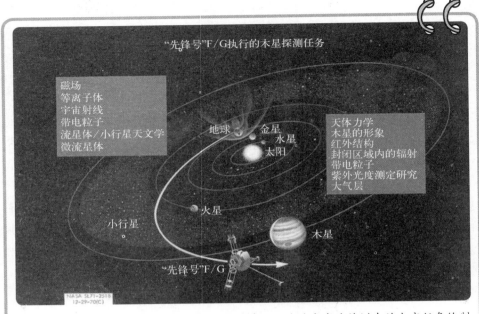

"先锋号"F/G执行的木星探测任务

磁场
等离子体
宇宙射线
带电粒子
流星体/小行星天文学
微流星体

天体力学
木星的形象
红外结构
封闭区域内的辐射
带电粒子
紫外光度测定研究
大气层

地球　金星
水星
太阳

火星

小行星

木星

"先锋号"F/G

NASA SL71-2518
12-29-70(C)

在使用计算机以前，美国国家航空航天局聘请了一些艺术家为计划中的太空任务绘制图片。我们看到的图片是艺术家在1970年为"先锋10号"绘制的图片。图中不但列出了"先锋10号"计划进行的测量任务，还列出了它将要拍摄的太阳系照片（美国国家航空航天局）。

环绕月球飞行，而是针对月球进行近天体探测飞行。虽然"先锋4号"在发射时成功地摆脱了地球的引力，但是由于它仅仅到达了距离月球不到3.7万英里（6万千米）的空间范围，所以它根本无法收集到任何关于月球的科学信息。当然，这主要是由于"先锋4号"距离月球过远的缘故。后来，还有4个月球探测器没有取得预期的成功。

▶ "先锋5号"和"先锋9号"取得了哪些成绩？

"先锋5号"是第一个进入围绕太阳飞行轨道的"先锋号"系列探测器，一共有5个"先锋号"系列探测器先后进入了围绕太阳飞行的轨道。一般来讲，进入太阳轨道要比进入月球轨道容易得多，这主要是由于，与后者相比，前者在航天飞行精确度方面的要求较低。换句话讲，任何摆脱了地球引力束缚的人造天体往往都会自然地进入太阳轨道,除非技术人员在发射之前为它精心设计了其他的太空任务。"先锋5号"在1960年3月11日发射升空。这个球形的太空探测器直径大约为25英寸(64厘米),它的重量为95磅(43千克)。它是第一个成功地与地球保持远距离通信联系的人造卫星。当时,它距离地球2 300万英里(2 700万千米)。"先锋6号"至"先锋9号"系列太空探测器在1965—1968年先后成功地进入了太阳轨道。这几颗卫星的重量差不多都是140磅(64千克)。它们不仅配有太阳能电池,而且携带了用于测量宇宙射线、磁场和太阳风的科学实验设备。这5艘"先锋号"宇宙飞船一共在太阳轨道内飞行了几十年的时间。

▶ 太阳系中历史最悠久的太空探测器是哪个探测器?

科学家们认为"先锋6号"目前仍然存在于太阳系中,它被看做是太空探测史上历史最悠久的运行探测器。

◉ 根据设计,"先锋10号"和"先锋11号"要执行什么样的太空探测任务?

在"先锋号"系列飞船中,最有名的是"先锋10号"和"先锋11号",它们分别在1972年和1973年发射升空。根据设计,它们将收集关于木星和土星这两颗遥远的气体巨行星的科学数据。这两艘宇宙飞船都配有直径为9英尺(3米)的圆盘式无线电天线,它们被用来保证飞船和地面接收站之间的通信联系。在圆盘式天线的后面还装有一些科学实验设备和摄影机、一台放射性同位素热电发电机(RTG)以及一台火箭发动机。

◉ "先锋10号"取得了哪些里程碑式的成绩?

"先锋10号"是第一艘越过小行星带的宇宙飞船。在此之前,科学家们对于飞船能否安全地穿过小行星带并没有把握,他们担心由于那里小行星分布的密度太大，飞船可能会被撞坏。然而，实际情况证明科学家们的担心是多余的。当"先锋10号"通过小行星带时，离它最近的已知小行星也有550万英里（880万千米）远。1973年，"先锋10号"针对木星进行了近天体探测飞行，并首次为木星这颗太阳系中体积最大的行星近距离地拍摄了照片。此后，它又继续向前飞行并越过了海王星和冥王星，从而离开了太阳系的主要行星区域。"先锋10号"同地面进行的最后一次通信联系是在2003年1月23日。如果"先锋10号"保持现有的运动速度和运动方向，它将在大约200万年以后到达"毕宿五"恒星。

▶ **"先锋11号"取得了哪些里程碑式的成绩？**

与"先锋10号"一样，"先锋11号"将首先飞往木星。在为木星拍摄大量图片并收集大量与木星有关的科学数据以后，"先锋11号"将利用木星的引力助推作用飞向土星。1979年，"先锋11号"到达了土星，并首次为土星、土星环和土星的卫星拍摄了一些近距离的图片。同时，它还收集了一些与土星、土星环和土星的卫星有关的科学数据。1990年，"先锋11号"离开了太阳系的主要行星区域。1995年11月，"先锋11号"在连续工作了22年以后，由于电力的耗尽而结束了日常探测活动。"先锋11号"最后一次与地面进行通信联系是在1995年11月。

▶ **什么是"航海家号"太空探测计划？**

人们最初本来打算将"航海家号"太空探测器分别命名为"水手11号"和"水手12号"。但是，这两个探测器后来被列入了一个单独的空间项目，这个项目起初称为"水手号木星－土星探测器"，后来重新命名为"航海家号"太空探测计划。

根据科学家们最初的设计，这两个"航海家号"探测器将选择适当的时机利用行星特有的排列方式并借助一系列的引力助推作用最终到达全部的气体巨行星。科学家们最初提出的这个很有雄心的计划被称为"巨型旅游计划"。由于预算的削减，这一计划的规模也被相应地缩小了。尽管这样，这一太空探索计划的主要科学实验目标均已实现，这些目标包括分别针对木星、土星、天王星和海王星进行近天体探测飞行。

"航海家1号"和"航海家2号"目前运行到什么位置了？

目前，"航海家1号"与地球之间的距离超过了105个天文单位（98亿英里）（158亿千米），它也因此成为太阳系中最遥远的人造天体。实际上，它也是太阳系中最遥远的已知天体。有科学证据表明，这艘宇宙飞船看起来已经到达了"日鞘"区域的内边缘地带。"日鞘"区域的形状酷似一滴眼泪，它是由带电粒子构成的，它在银河系的内部旋转并在这一过程中包围了整个太阳系。如果科学家们的推论是正确的，那么用不了10年的时间，"航海家1号"将极有可能到达太阳驻点，也就是"日鞘"区域的外边缘地带。这样一来，它就成为第一个真正意义上的星际太空探测器。

"航海家2号"距离我们大约85个天文单位（79亿英里）（127亿千米），它的运动方向与"航海家1号"的运动方向大致垂直。虽然比较起来，"航海家2号"离我们更近一些，它们与地球之间的距离仍然相当于地球与冥王星之间的距离的2倍多。"航海家2号"在2007年12月传回的实验数据表明，由于银河系的星际磁场的作用，太阳气层发生了轻微的变形。也就是说，太阳系的南侧存在凹陷区域。

"航海家1号"取得了哪些具有里程碑意义的成绩？

"航海家1号"于1977年9月5日在佛罗里达州卡纳维拉尔角由"泰坦3E半人马号"火箭发射升空。虽然"航海家1号"的发射比"航海家2号"的发射晚几天，但是由于"航海家1号"是在速度更快的通往外太阳系的轨道内飞行，所以它会首先到达目的地。1979年，"航海家1号"经过了木星并为木星的漩涡云和伽利略卫星拍摄了照片，它还在木星的卫星"艾奥"的表面观测到火山活动。此外，它还发现了一个以前未被人类发现的木星环。同年3月5日，"航海家1号"到达了距离木星最近的区域，那里距离木星中心21.7万英里（34.9万千米）。

"航海家1号"还成功地利用木星的引力助推作用到达土星。1980年11月，它针对土星进行了近天体探测飞行。11月12日，到达距离土星最近的区域，那里距离土星7.7万英里（12.4万千米）。"航海家1号"探测了土星环的复杂结构并研究了土星厚厚的大气层及"泰坦"卫星。当"航海家1号"经过"泰坦"卫星时，引力助推作用使飞船脱离了椭圆的轨道平面，从而使飞船进一步远离那些行星。

▶ "航海家2号"取得了哪些具有里程碑意义的成绩？

"航海家2号"于1977年8月20日发射升空。与"航海家1号"一样，"航海家2号"也是在佛罗里达州卡纳维拉尔角由"泰坦3E半人马号"火箭发射升空的。1979年7月9日，它到达了距离木星最近的区域，此时它距离木星35万英里（57万千米）。它观测并证实了火星的卫星"艾奥"表面的火山活动。同时，还在"欧罗巴"卫星的表面发现了十字状的条纹结构。此外，它在木星的周围发现了几个新的木星环和3颗新卫星，还仔细地研究了木星表面的大红斑现象。

"航海家2号"在针对木星进行近天体探测飞行时，还利用引力助推作用开始飞向土星。1981年8月25日，它到达了距离土星最近的区域。利用雷达系统探测了土星的上层大气层，并为土星、土星环和土星的卫星拍摄了照片。此后又利用土星的引力助推作用飞往天王星，并于1986年1月24日到达了距离天王星最近的区域。此时，它与天王星之间的距离为5.06万英里（8.15万千米）。它在天王星的周围发现了10颗新的卫星，还研究了天王星的卫星、大气层、磁场和稀薄的环状系统。

最后，"航海家2号"利用天王星的引力助推作用到达了海王星，并于1989年8月25日到达距离海王星最近的区域，这时它实际上位于海王星北极上空3 000英里（4 800千米）的高空。科学家们本来期待着"航海家2号"能够发现海王星是一颗与天王星极为类似的行星，结果"航海家2号"发现，在海王星略微发蓝的大气层中经常会出现太阳系中最强烈的风暴。这样看来，海王星其实是一颗极为活跃的行星。"航海家2号"还在海王星的周围发现了6颗新卫星和四处拱形的不完整的环状区域。同时，"航海家2号"还测量了在海王星表面白天的长度和磁场的强度。"航海家2号"对海王星的卫星"特赖登"进行了详细的研究，它不仅研究了这颗卫星稀薄的大气层，而且研究了它的云层和极地冰盖。同时，它还在这颗卫星的表面发现了火山活动形成的间歇泉，受到一定压力的泉水从这颗卫星的地下不断地涌出，从而形成了明显的间歇泉。

▶ 什么是"伽利略号"太空探测任务？

"伽利略号"太空探测任务是一个耗资几十亿美元的大规模空间项目，它的探测目标不仅包括木星，而且包括木星的四大卫星，它们分别是艾奥、欧罗巴、甘尼米德和卡利斯多。在飞行途中，"伽利略号"检验了太空探测器的某些飞行策略，特别是如何大规模地利用引力助推作用。"伽利略号"甚至还把地球作为一颗遥远的行星进行研究。"伽利略号"最终克服了重重困难，成功实现并超越了人们的科学设想。所以，科学家们把"伽利略号"称为"能力超强的小型宇宙飞船"。

▶ "伽利略号"宇宙飞船的结构是什么样的？

"伽利略号"宇宙飞船的体积差不多相当于一台小型货车，在它的侧面好像竖起了一个旗杆。"伽利略号"的最大载重负荷为2.5吨，包括一套科学实验设备、两根通信天线、推进火箭和提供电力供应的放射性同位素热电发电机。"伽利略号"还配有微型探测器，它的体积与洗碗机差不多，里面装有配套的6件科学实验设备，这些设备在飞船利用降落伞下落到木星大气层的过程中，可以被用来测量周围环境的物理状况。

▶ "伽利略号"飞往木星的飞行路线是什么样的？

为了到达木星，"伽利略号"需要获得足够的飞行速度。所以，"伽利略号"需要先后3次大规模地利用行星的引力助推作用，具体说来就是"金星-地球-地球"引力助推模式（VEEGA）。"伽利略号"在1990年2月10日首先针对金星进行了近天体探测飞行。此后它又分别于1990年12月8日和1992

"伽利略号"探测器对木星和它的"伽利略卫星"进行了大范围的勘查（美国国家航空航天局）。

按照最初的计划,"伽利略号"将由航天飞机发射升空,然后利用动力强大的助推火箭将它送往木星。不过,就在距离发射还有几个月的时候,"挑战者号"航天飞机在半空中发生爆炸,致使整个航天飞机项目不得不停了下来。考虑到安全问题,在后来的所有航天飞机项目中使用的助推火箭体积将更小,它们所产生的动力自然大不如前。面对这一困难,负责"伽利略号"航天飞行项目的科学家们不得不重新计算这艘飞船飞往木星的轨道。"伽利略号"为了获得足够的引力助推力,必须针对金星和地球进行几次近天体探测飞行,从而将执行太空任务的期限延长了若干年。1989年10月18日,"伽利略号"由"亚特兰蒂斯号"航天飞机发射升空,并开始了为期6年的"木星之旅"。

年12月8日先后针对地球进行了两次近天体探测飞行。从科学的角度来看,"伽利略号"在旅途中多花费的时间和多运行的距离纯属偶然情况。当"伽利略号"分别于1991年10月29日和1993年8月28日经过"加斯帕"和"艾达"这两颗小行星时,它利用距离上的优势分别研究了这两颗小行星。后来,它还经过了一颗体积更小的小行星,它的名字叫"达克载",这颗小行星在围绕另一颗小行星"艾达"进行飞行。在距离目的地还有大约1年的行程时,"伽利略号"携带的摄像机恰好观测到了"苏梅克−列维9号"彗星的碎片与木星发生碰撞的场面。

▶ "伽利略号"的微型探测器的工作原理是什么?

　　1995年12月7日,"伽利略号"携带的微型探测器离开了飞船并以10.6万英里/小时(17万千米/小时)的速度落入了木星的大气层。在2分钟之内,它的下落速度就减缓到不足110英里/小时(170千米/小时)。不久以后,探测器弹出了一个降落伞装置,从而进一步减缓了探测器的下落速度。接下来,降落伞装置向木星的核心区域飘落下去。在下落的过程中,整个装置在大风的作用下发生了大约300英里(500千米)的水平位移。微型探测器总计工作了58分钟。在此期间,它不但为木星这颗巨大的行星拍摄了一些翔实的图片,而且对木星的大气层进行了一些测量。在距离木星大气层顶部以下大约90英里(150千米)的高空,微型探测器携带的科学实验设备停止了工作。8小时以后,随着温度达到3 400℉(1 900℃),整个探测器蒸发了。

▶ "伽利略号"在1992年进行近天体探测飞行时进行了什么样的实验?

"伽利略号"在1992年针对地球进行近天体探测飞行期间,进行了另外一个实验,以考察可见光的激光是否可以被用来同宇宙飞船保持通信联系。结果,名为"伽利略光学实验"(GOPEX)的实验进行得非常成功。当科学家们在位于加利福尼亚州和新墨西哥州的地面通信站制造出一系列明亮的激光脉冲时,"伽利略号"拍摄到了这些脉冲的电子图像,并在大约400万英里(640万千米)以外探测到近1/3的激光脉冲。

▶ "伽利略号"一共运行了多长时间?

"伽利略号"在1995年12月7日成功地进入了木星轨道。不走运的是,由于"伽利略号"的高增益天线出现了故障,所以天文学家们只能利用备用天线获取科学数据。然而,备用天线在接收数据的能力方面要逊色得多。科学家们想出了一些办法将数据传输速度提高了将近10倍。不过即使这样,它的传输速度也仅仅相当于平时人们使用的拨号式调制解调器的1%。

"伽利略号"的使用周期已经超出了人们最初乐观的估计。在宇宙飞船入轨以后,"伽利略号"仅仅用了两年的时间就完成了它的主要科学任务。在后来的5年多时间里,飞船主要执行的是拓展科学任务。"伽利略号"的摄像机最终由于受到辐射而无法工作。2002年12月17日，飞船的摄像机系统被关闭。不过，此后飞船仍然能够传回有价值的科学数据。到结束任务时，"伽利略号"一共向地球传回了大约1.4万张图片和300亿字节的科学数据。"伽利略号"一共围绕木星飞行了34圈，它的运行里程总计为29亿英里（46亿千米）。

▶ "伽利略号"是如何结束自己的太空探索任务的？

尽管遇到了各种困难和挑战，"伽利略号"的工作状态始终非常好。当然，这不包括高增益天线出现的故障。到2003年时，它已经基本上用完了自身携带的推进剂。为了避免"伽利略号"意外地撞到木星的某颗卫星，美国国家航空航天局的航天飞行控制人员并没有结束对飞船的飞行控制，他们有意安排飞船进入木星的大气层。这样，科学家们在2003年9月21日，又一次有机会研究木星这颗太阳系中体积最大的行星。在"伽利略号"进入木星的大气层并被渐渐烧毁的过程中，飞船上的实验设备近距离地记录了木星大气层和磁层的物理状况。当然，这次获得的科学数据要比以往获得的科学数据更加准确。

▶ 什么是"卡西尼-惠更斯号"太空探索任务？

"卡西尼-惠更斯号"太空探索任务是一个耗资几十亿美元的国际合作项目，它主要用于研究土星及其周围的空间环境，特别是土星最大的卫星"泰坦"。美国国家航空航天局、欧洲航天局和意大利航天局共同参与了这个项目。这艘宇宙飞船装有功能齐全的太空探索设备。它主要包括"卡西尼号"轨道舱和"惠更斯号"着陆舱。"卡西尼号"不仅搭载"惠更斯号"，而且还会为它在"泰坦"卫星表面的着陆提供技术支持。"卡西尼号"也经过木星。由于各国的财政紧缩政策，再加上各国航天机构在观念上的转变，"卡西尼-惠更斯号"在可以预见的未来仍将是体积最大且耗资最大的星际探索飞船。

▶ "卡西尼号"的结构是怎样的？

"卡西尼号"的形状非常像一个茶叶罐，长度大约为22英尺（6.8米），宽度大约为 13 英尺（4 米）。一个巨大的伞形天线被安装在飞船的一端，这个伞形天线也是整个飞船最宽的部分。飞船的雷达装置在飞船的一侧向外延伸大约 35 英尺（11 米）。如果加上"惠更斯号"着陆舱，整个飞船的重量将达到 2.5 公吨。当然，飞船在发射时还要携带 3 吨的燃料。"卡西尼号"上一共搭载了 12 件科学实验设备，"惠更斯号"也搭载了 6 件科学实验设备。

"卡西尼号"探测器正在位于加利福尼亚州帕萨迪纳市的美国宇航局喷气推进实验室接受耐热性能实验（美国国家航空航天局）。

▶ "卡西尼号"是什么时候发射升空的，它又是什么时候到达土星的？

"卡西尼-惠更斯号"在 1997 年 10 月 15 日由"泰坦 IVB 型"火箭（"泰坦半人马号"火箭）从佛罗里达州卡纳维拉尔角发射升空。它在飞行的途中首先对金星进行了两次近天体探测飞行，后来又于 1999 年 8 月 18 日和 2000 年 12 月 30 日分别对地球和木星进行了近天体探测飞行。这 4 次近天体探测飞行为飞船提供了足够的引力助推力，从而保证飞船最终到达土星。在经过将近 7 年的飞行以后，"卡西尼-惠更斯号"终于在 2004 年 7 月 1 日到达了围绕土星运行的轨道。

▶ 在经过木星时，"卡西尼号"进行了哪些探测活动？

"卡西尼号"在飞向土星的漫长旅途中进行了一些重要的科学观测活动。从 2000 年 10 月—2001 年 3 月，"卡西尼号"在经过木星时，对木星进行了细致的科学研究。它不仅为木星拍摄了上千张图片，而且同"伽利略号"飞船合作对木星进行了许多重要的科学测量。"卡西尼号"发现木星两极地区呈现出比较稳定的天气特征。"卡西尼号"通过对木星磁场进行的研究发现，木星的磁层并不是绝对平衡的，带电粒子在磁层的表面形成了几处"洞穴"，大量带电粒子不断地以粒子流的形式逃离了木星的磁层。

▶ "卡西尼号"是怎样进入土星轨道的？

当"卡西尼号"到达土星时，它利用97分钟的时间完成了对火箭系统的点火。此后，它利用土星的引力将飞船的速度放慢。当飞船穿越土星环的平面时，最惊险的时刻到来了。技术人员经过精心的设计，控制"卡西尼号"从土星环平面的一个缺口处穿过，最终完成了飞船的入轨。如果飞船同具有一定体积的土星环物质发生碰撞，整个空间任务将前功尽弃。幸运的是，"卡西尼号"的入轨进行得非常成功。接下来，"卡西尼号"开始围绕土星进行飞行，它的复杂飞行模式很像蝴蝶的形状。"卡西尼号"在高椭圆轨道内，时而靠近土星，时而远离土星。这主要是为了既能获得土星本身的详细科学数据，又能了解土星环和土星卫星的相关信息。

▶ 人们如何利用"卡西尼号"来证明爱因斯坦提出的相对论？

2003年，天文学家们利用"卡西尼号"证明了爱因斯坦提出的普通相对论。迄今为止，这次实验在同类实验中准确性是最高的。天文学家们比较了到达"卡西尼号"和离开"卡西尼号"的无线电信号在延时时间方面的差异，这种差异是由于它们与太阳之间的距离存在差异。天文学家们通过实验可以发现太阳引力在多大程度上使无线电信号发生了弯曲，进而使空间时间结构发生了弯曲。这个证明相对论的实验的误差大约是0.002%，这比以前进行的同类实验大约准确了100倍。

▶ 到目前为止,"卡西尼号"获得了哪些与土星有关的科学发现?

到目前为止,"卡西尼号"获得了许多与土星有关的科学发现。首先,"卡西尼号"发现,在土星厚厚的大气层内部经常会发生剧烈的物理活动,例如,那里发生的雷雨比地球上的雷雨要猛烈1万倍。当雷雨发生时,土星的大气层内会形成巨大的圆柱形气团,它们的体积差不多与整个地球相当。最近,天文学家们还在土星南极区域附近观测到一次体积与地球相当的飓风,这也是人类第一次在地球以外的其他天体表面观测到飓风。整个飓风的覆盖面可以达到5 000英里(8 000千米),风速达到每小时350英里(550千米)。通过同"航海家号"在20世纪80年代的观测结果进行对比,天文学家们发现,"卡西尼号"的观测结果足以说明土星大气层的基本特征已经发生了重大的改变。这说明这颗行星绝对不是一个静止的系统。在未来的日子里,土星将继续发展变化。

▶ 到目前为止,"卡西尼号"获得了哪些关于土星卫星的科学信息?

"卡西尼号"在土星的周围发现了许多新的卫星,其中的几颗卫星要么位于土星环区域的附近,要么位于土星环区域的内部。它还获得了许多已知土星卫星的光谱数据,这其中就包括"泰坦""瑞亚""狄俄涅""狄迪斯""许珀里翁"和"恩科拉多斯"。

▶ 到目前为止,"卡西尼号"获得了哪些关于土星环的科学信息?

"卡西尼号"为土星环拍摄了迄今为止最为翔实的图片。"卡西尼号"还拍摄了土星环的结构图。土星环系统不仅体积庞大,而且结构复杂。不过,这种结构同时具有非常美丽和非常稳定的特征。"卡西尼号"还在土星环附近首次发现了一些更小的土星环和新卫星。此外,它还发现一颗体积很小的卫星将粒子从土星F环中吸引出去,另一颗卫星("恩科拉多斯")将粒子驱赶到土星E环中。同时,"卡西尼号"还发现土星环会呈现出海浪、水流、辫子、草帽和绳子等不同的形态特征。

美国宇航局喷气推进实验室的技术人员正在研究"惠更斯号"探测器，以避免它的隔热装置在实验的过程中受到损坏（美国国家航空航天局）。

▶ **"惠更斯号"探测器的结构是什么样的？**

"惠更斯号"探测器被安装在"卡西尼号"轨道舱的底部，它与高增益天线正好相对。它的重量为700磅（320千克），宽度为4英尺（1.2米），形状很像一个茶碟。"惠更斯号"探测器配有由多个降落伞构成的着陆系统和6件科学实验设备。

▶ **"惠更斯号"探测器在什么时候，通过什么方法在"泰坦"卫星的表面着陆？**

在与"卡西尼号"轨道舱共同飞行了7年多的时间以后，"惠更斯号"在2004年12月25日正式与"卡西尼号"分道扬镳。接下来，它又自己在太空中遨游了250万英里（400万千米）。2005年1月14日，"惠更斯号"进入了"泰坦"卫星的大气层。由于计算机软件的一个错误，"惠更斯号"传回的数据全部丢失了。所以，人们不得不在飞船发射多年以后改变"惠更斯号"与轨道舱实现分离的日期，同时被修改的还包括飞船入轨的日期。不过，科学家们对上述日期的修正进行得很顺利。科学家们在为飞船设计新的入轨日期时，充分考虑到"卡西尼号"、"惠更斯号"和地球之间的相对位置，以保证在它们之间可以成功地进行通信联系。

起初，"惠更斯号"以每小时超过1.2万英里（1.93万千米）的速度进入了"泰坦"卫星的大气层。随着一系列降落伞的弹出，探测器的飞行速度被减缓到每小时不足200英里（322千米）。在75英里（120千米）的高空，最后一个降落伞弹了出来，"惠更斯号"进一步放慢了下落速度。两个多小时以后，"惠更斯号"在"泰坦"卫星的表面成功着陆。此时，它的速度仅为每小时不到10英里（16千米）。

 ▶ 根据计划，"卡西尼号"在接下来的日子里会进行哪些太空探索活动？

只要"卡西尼号"能够正常工作，它将会继续围绕土星运行，并针对土星环和土星卫星进行多次近天体探测飞行。其实，即使在"卡西尼号"完成了主要的探测任务以后，它仍将会继续它的太空探测之旅。与围绕木星运行的"伽利略号"飞船一样，"卡西尼号"也有可能对行星的生态系统和前生物学环境造成污染。所以，当"卡西尼号"结束自己的太空探测任务时，航天飞行的控制人员将会引导飞船进入土星外围卫星的大气层，从而避免给行星生态系统带来危害。

▶ "惠更斯号"探测器获得了哪些关于"泰坦"卫星的科学信息？

"惠更斯号"探测器不仅向地球传回了350张关于"泰坦"卫星的图片，还传回了这颗卫星在辐射度和气象学方面的科学数据。研究结果表明，"泰坦"卫星的大气层中包含了大量由碳和氢构成的化学物质，碳和氢实际上是构成更加复杂的有机分子结构的基本元素。在"泰坦"卫星的表面也存在强烈的风暴和多变的天气。此外，那里也存在雷电现象。虽然那里也有云层和雨，不过它们不是由水构成的，而是由碳氢化合物（天然气）构成的。

科学家们通过"惠更斯号"探测器所携带的摄像机在"泰坦"卫星的表面观测到变化多端的地质结构，它们还观测到在"泰坦"卫星的表面四处漂浮着一些液态的碳氢化合物。

当"惠更斯号"在"泰坦"卫星的表面着陆时，它撞击到了非常薄的地壳。在破碎的地壳的下面分布着一些沙粒状的物质，这些物质具有一定的湿度，很像沼泽地里的物质。由于探测器的撞击，这些物质的温度会升高，同时它们会释放出少量的沼气。"泰坦"卫星的地表温度为$-290℉$（$-180℃$）。那里的土壤主要是由各种冰构成，这些冰有的是由污水构成，有的是由甲烷或乙烷构成的。反映"惠更斯号"着陆点周围环境的图片显示："泰坦"卫星的表面看上去就像一个干涸的河床，到处分布着大块的岩石和小块的圆石，这些石头看上去都非常光滑。

▶ 什么是"新地平线号"太空探测任务？

"新地平线号"太空探测任务由一个飞往柯伊伯带的太空探测器来执行。这个探测器将会针对冥王星进行近天体探测飞行，那将是人类第一次近距离地观测冥王星这颗矮行星。"新地平线号"有可能会发现新的柯伊伯带。在获得目前这个名字之前，"新地平线号"也被称为"冥王星–柯伊伯带快车"。在此之前，它还被称为"冥王星快车"。

▶ "新地平线号"是在什么时候发射升空的，它在什么时候到达冥王星？

"新地平线号"于2006年1月19日由"阿特拉斯 V–551"火箭在佛罗里达州卡纳维拉尔角发射升空。由于冥王星距离地球非常遥远，要想到达那里必须合理地设计航天器的飞行时间。"新地平线号"在通向柯伊伯带的漫漫征程中不可能多次获得引力助推力。实际上，这艘飞船直接地进入了逃逸轨道，它的飞行速度可以达到3.6万英里/小时（5.8万千米/小时），这一速度迄今为止是太空探测器的最快飞行速度。此后，"新地平线号"沿着直线的飞行轨迹飞往木星。2007年2月28日，"新地平线号"针对木星进行了近天体探测飞行，并借助木星的引力助推作用飞向了冥王星。预计"新地平线号"将在2015年7月14日到达冥王星。

▸ 科学家们在为"新地平线号"的摄谱仪起名字时,从哪部经典的电视剧中获得了灵感?

> "新地平线号"所携带的摄谱仪分别被命名为"拉尔夫"和"埃利斯",它们是经典电视剧《蜜月期》中的主人公的名字。

◉ "新地平线号"携带了哪些科学实验设备?

"新地平线号"携带了7台科学实验设备,其中的一台实验设备是由学生设计制造并由学生负责管理的,这台设备就是尘埃计数器。其他的设备包括:无线电科学实验设备(REX)、冥王星太阳风探测器(SWAP)、冥王星高能粒子分光计科学实验设备(PEPSSI)、远程侦察型成像仪(LORRI)和一对成像摄谱仪。

◉ "新地平线号"取得了哪些科学发现?

在对木星进行短时间的近天体探测飞行的过程中,"新地平线号"对木星系统进行了详细的勘查并获得了许多新的发现。这其中就包括:木星两极附近的闪电现象、木星大气层中由氨气构成的云层受到的破坏、带电粒子在木星磁层后部的运动轨迹、木星卫星"艾奥"表面的火山喷发的内部结构。

针对小行星和彗星的勘查活动

◉ 人类最初利用宇宙飞船针对小行星和彗星进行了哪些勘查活动?

"伽利略号"在飞往木星的途中首次对小行星进行了近天体探测飞行。1991年10月,"伽利略号"对小行星"加斯帕"进行了近天体探测飞行。1993年

8月，"伽利略号"又针对小行星"艾达"进行了近天体探测飞行。在上述两次近天体探测飞行期间，"伽利略号"为人类首次拍摄了关于小行星的近距离照片。通过这些图片我们发现，实际上小行星的表面非常有趣；另外，小行星也可以拥有卫星，小行星"艾达"就是一个典型的例子，一颗被称为"达克载"的卫星就是"艾达"的卫星。这两次近天体探测飞行使科学家们对研究小行星产生了兴趣，他们在后来设计了几次针对小行星的太空探索任务。

第一艘以研究彗星为主要科学任务的宇宙飞船飞向了哈雷彗星。1986年，哈雷彗星在众人的期待下终于回归了内太阳系。许多国家共同合作发射宇宙飞船来研究这颗彗星和它的彗尾。日本的两艘宇宙飞船"水星号"和"先驱者号"、苏联的"织女星1号"和"织女星2号"分别在1986年对哈雷彗星进行了近天体探测飞行。美国国家航空航天局和欧洲航天局在1978年8月12日共同发射了ISEE-3卫星。这颗卫星在完成了最初的太空探索任务以后被重新命名为"国际彗星探测器（ICE）"，这个探测器在1985年和1986年分别观测了贾科比尼-津纳彗星和哈雷彗星。不过，令人遗憾的是，"国际彗星探测器"并没有携带摄像机。在观测哈雷彗星这个领域，"乔托欧空号"宇宙飞船所取得的成绩是最重要的。

▶ 什么是"乔托欧空号"太空探测任务？

"乔托欧空号"宇宙飞船是欧洲航天局1985年7月2日在位于法属圭亚那的库鲁航天中心利用"阿丽亚娜1号"火箭发射升空的。负责飞船飞行的工程师们利用"国际彗星探测器""水星号""先驱者号""织女星1号"和"织女星2号"传回的数据，控制"乔托欧空号"的航天飞行。1986年3月13日，飞船到达了距离哈雷彗星的核心区域不足370英里（600千米）的空间区域。在此期间，尽管"乔托欧空号"由于与哈雷彗星的粒子发生了碰撞而受到了一定的破坏，但它还是在近距离拍摄到了关于哈雷彗星的壮观的图片。从此以后，科学家们对彗星的研究进入了星际研究的阶段。

"乔托欧空号"的历史使命并没有就此结束。1990年，欧洲航天局的航天飞行控制人员使"乔托欧空号"从为期4年的冬眠状态中复苏过来，这也是有航天器以来首次实现从冬眠状态中复苏。"乔托欧空号"的下一个探测目标是"格里格-斯克杰利厄普彗星"。1992年，它成功地对这颗彗星进行了近天体探测飞行。当"乔托欧空号"离这颗彗星最近时,它距离这颗彗星的核心区域不足125英里(200千米)。由于它携带的摄像机在探测哈雷彗星时彻底被损坏了,所以"乔托欧空号"这一次没有拍摄任何照片。不过,"乔托欧空号"还是传回了许多宝贵的科学数据。它也是第一艘对两颗彗星的核心区域进行了近天体探测飞行的宇宙飞船。

▶ 什么是"NEAR-苏梅克号"太空探测任务?

"NEAR"是"探访近地小行星计划"的英文简称,执行这一计划的宇宙飞船是第一艘专门探测小行星并对小行星进行绕飞的宇宙飞船。它的目的地是"爱神星(433 Eros)"。这颗小行星的形状非常像山药,它的运行轨道离地球轨道很近。"NEAR号"宇宙飞船是在1996年2月17日被德尔塔Ⅱ型火箭发射升空的。在成功地完成了对"爱神星"的近天体探测飞行以后,这个航天器被重新命名为"NEAR-苏梅克号",这主要是为了纪念著名的科学家尤金·苏梅克(1928—1997),苏梅克在行星科学研究领域为人类做出了重大贡献。

▶ "NEAR号"宇宙飞船的结构是怎样的?

"NEAR号"宇宙飞船的形状酷似一个八边形棱柱体,它的边长大约为6英尺(1.7米),一共携带了4块太阳能电池板。此外,它还携带了一根高增益无线电天线,天线的长度大约为5英尺(1.5米)。它所携带的科学实验设备包括一台X射线/伽马射线分光计、一台近红外线成像摄谱仪、一台装有CCD成像探测器的多谱段照相机、一台雷达测高仪、一台无线电科学实验设备和一台地磁仪。

▶ "NEAR号"宇宙飞船是如何到达"爱神星"这颗小行星的?

在"NEAR号"宇宙飞船飞往"爱神星"的途中,于1997年6月7日经过了"玛帝尔德号"小行星(253 Mathilde)。此后,它又在1998年1月23日经过了地球的上空。按照原计划,"NEAR号"宇宙飞船将于1999年1月到达"爱神星",并围绕这颗小行星飞行一年。不过,就在还有几个星期就到达目的地时,由于飞船发动机的点火方式不当,使飞船处于危险的境遇。于是,科学家们不得不让飞船在1998年12月23日经过了"爱神星"。在后来的一年多的时间里，科学家们经过努力使飞船恢复到正常的飞行状态并为飞船的入轨做好了准备。2000年2月14日，"NEAR号"宇宙飞船开始围绕"爱神星"这颗小行星进行飞行。

▶ "NEAR号"宇宙飞船是如何围绕"爱神星"这颗小行星进行飞行的？

行星是体积庞大的球形天体，而小行星的形状非常不规则。所以，对小行星的绕飞不同于对行星的绕飞。它往往非常错综复杂，通常无法在椭圆轨道内完成。实际上，这种绕飞的模式非常复杂，一系列的椭圆轨道会不断地变化体积和形状，从而形成了螺旋形的绕飞模式。此外，飞船在飞行的过程中与小行星的表面离得很近，具体说来，这一距离为3～220英里（5～360千米）。航天飞行的控制人员必须随时注意"NEAR-苏梅克号"的位置和距离，以避免它意外地与"爱神星"发生碰撞。

▶ "NEAR号"宇宙飞船了解到哪些与"爱神星"这颗小行星有关的科学知识？

在"爱神星"这颗小行星的表面到处分布着岩石，它的形状有点像甜土豆，它的长度为20英里（33千米），它的宽度为8英里（13千米）。"NEAR-苏梅克号"飞船拍摄到的关于"爱神星"的近距离图片显示：这颗小行星不仅是太空中的一块大石头。换句话说，它虽然是一个体积较小的天体，但是它同样经历了复杂的地质演变过程。大约在10亿年以前，这颗小行星与另一个天体发生了剧烈的碰撞，从而在"爱神星"的表面形成了一个陨石坑；同时，两个天体碰撞时喷射出来的物质也落在"爱神星"的表面，进而形成了那里的岩石和尘埃。那次天体碰撞产生的地震波波及到"爱神星"的全部区域，进而改变了这个天体的形状，并影响到当时分布在"爱神星"表面的火山口和其他物质。"爱神星"的密度与地球地壳的密度差不多，也就是水的密度的2.4倍，它围绕太阳飞行的公转周期为643天,它的自转周期是5小时16分钟。

▶ "NEAR-苏梅克号"宇宙飞船执行的太空探测任务是如何结束的?

2001年2月12日,"NEAR-苏梅克号"飞船在飞行控制人员的指挥下在"爱神星"的表面实施了着陆。它在着陆时的速度大约为3英里/小时(4.8千米/时),这一速度与普通人快走的速度差不多。令科学家们感到高兴的是,虽然他们最初在为飞船设计空间任务时并没有考虑到飞船的着陆,但是飞船的着陆获得了成功,整个飞船只有一个镜面受到了损坏。在后来的几周内,飞船在"爱神星"的表面收集到了许多科学数据。2001年2月28日,"NEAR-苏梅克号"宇宙飞船正式结束了自己的太空探测之旅。

▶ 什么是"深度撞击号"太空探测任务?

"深度撞击号"太空探测任务是利用一个硬度和密度都很大的探测器高速

"深度撞击号"太空探测器使天文学家们了解到彗星的物理构成。实际上,彗星是由黏土、碳酸盐、结晶硅酸盐、多环芳烃、含铁化合物和少量红棕色的宝玉尖晶石构成的〔美国国家航空航天局/美国宇航局喷气推进实验室-加州工学院/R. Hurt(SSC)〕。

撞击彗星,并对撞击地点和撞击喷射物拍摄图片,同时收集相关的科学数据。进行此项研究的目的是看看我们能否通过研究彗星的内部结构,揭示出行星的起源。彗星是太阳系中物理结构保持不变的最古老的天体。同时,科学家们还想通过此项研究找出办法,应对可能发生的彗星与地球的碰撞。这个太空探测器在完成太空探测任务的过程中,可以获得来自地基望远镜和天基望远镜的技术支持。这些天文观测设备将共同研究彗星、观测 "深度撞击号" 探测器与彗星的碰撞并勘查碰撞结束以后天体的状况。

▶ "深度撞击号" 宇宙飞船由哪几个组成部分?

"深度撞击号" 宇宙飞船由两个部分构成,它们分别是完成近天体探测任务的飞船和完成撞击任务的冲击器。其中,飞船的长度、宽度和高度分别为10英尺(3米)、6英尺(1.8米)和8英尺(2.4米)。此外,飞船还装有敏感度极高的科学实验设备。"深度撞击号" 的冲击器实际上是一个金属盒子,构成它的绝大多数材料是铜,整个冲击器的重量为820磅(370千克),它的体积与一台洗衣机大致相当。另外,这个冲击器还配备了一台摄像机和一个小型的推进器。

▶ "深度撞击号" 在什么时候,通过什么方式与目标彗星发生了碰撞?

"深度撞击号" 宇宙飞船是在2005年1月12日由美国国家航空航天局用德尔塔 Ⅱ 型火箭发射升空的,目的地是 "坦普尔1号" 彗星。同年7月3日,"深度撞击号" 的冲击器与飞船实现了分离。接下来,这个冲击器沿着自己的运行轨道飞向了目标彗星。第二天,科学家们利用天文观测设备观测到 "坦普尔1号" 彗星与 "深度撞击号" 的冲击器之间的碰撞,公众们也通过互联网亲眼目睹了这次碰撞。当时,"坦普尔1号" 彗星的运行速度可以达到2.3万英里/小时(3.7万千米/小时)。

▶ 当 "深度撞击号" 的冲击器与 "坦普尔1号" 彗星发生碰撞时,我们能观测到什么样的景象?

在 "深度撞击号" 的冲击器与 "坦普尔1号" 彗星发生碰撞时,大量的喷射物使摄像机和其他观测设备无法捕捉到彗星的表面留下的坑。尽管这样,飞船还是向地面传回了大量的科学数据。天文学家们第一次可以研究那些早在40多亿年前就存在于太阳系中的冰层和尘埃。这次撞击还使我们看到，实际上彗星表面的硬度是非常低的，甚至可以说是由粉末状结构构成！将来人类要想将一颗撞向地球的彗星移开，了解这一点是至关重要的。如果人类不了解彗星的物质构成，就可能采用错误的技术，从而无法实现移开彗星的目的。

 "深度撞击号"宇宙飞船和太空探测任务具有怎样的历史地位？

虽然"深度撞击号"的冲击器在撞击彗星的过程中被毁掉，但是执行近天体探测任务的飞船不仅完好无损，而且运行正常。后来它被安排执行一个新的太空探测任务，这个任务被称为"系外行星观测与大冲撞拓展研究"（EPOXI），它将以前设计的两个太空探测任务组合起来，这两个太空探测任务分别是："太阳系以外行星观察及描述"（EPOCH）和"深度撞击扩展研究"（DIXI）。这艘宇宙飞船要经过另一颗目标彗星，它就是"哈特雷2号"彗星。它会从太空中观测地球和其他几个行星系统。

▶ 什么是"星尘号"太空探索任务？

"星尘号"宇宙飞船于1999年2月7日在佛罗里达州的卡纳维拉尔角由德尔塔Ⅱ型火箭发射升空。它的目的地是"威尔德2号"彗星，任务是在彗星的慧发中收集一些颗粒状的物质，然后返回地球。在往返途中，"星尘号"还将收集一些星际尘埃微粒的样本，航天器会想办法将这些样本送回地球供科学家们进行研究。此后"星尘号"将在经过地球以后继续它的太空之旅。

▶ 研究星际尘埃的重要意义是什么？

在人们的印象当中，太阳系好像并不是充满了物质，而是看上去空荡荡的。

所以，人们往往更多地关注那些体积较大的天体而忽略太阳系中其他的天体。实际上，太阳系中体积较大的天体都是由体积较小的天体构成的，太阳系中的任何物质都起源于尘埃。所以，即使研究太阳系中最细小的尘埃也有可能使我们了解到太阳系的起源和构成。同时，我们还可以了解到今天太阳系的环境状况以及太阳系其他恒星的起源等信息。

▶ "星尘号"宇宙飞船的结构是怎样的？

"星尘号"宇宙飞船的体积和形状很像一台大冰箱。除了携带摄像机和其他科学设备以外，"星尘号"还装有一个特殊的返回舱。返回舱收集、储存彗星物质和星际尘埃微粒，并将它们安全地带回地球。

▶ "星尘号"宇宙飞船如何收集到彗星微粒和星际尘埃微粒？

当"星尘号"处于微粒收集状态时，返回舱的舱门被打开，一个机械臂会从飞船中伸出来。这个机械臂看上去既像网球拍，又像棒球比赛中接球手戴的手套。在机械臂的上面平放着一些盘子，盘子里装有气凝胶。气凝胶是一种亮度

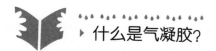

▶ 什么是气凝胶？

气凝胶有时被人们称为"凝固的烟"。实际上，它是一种半透明的泡沫状固态物质，在它的空间结构中充满的介质几乎完全是空气（空气的含量大约为99.8%）。实际上，它可以由不同的物质制成，例如，硅土、碳和氧化铝。它是人类制造的体积最轻的物质，所以，它具有优越的隔热特性和结构强度。宇宙飞船的设计者们利用气凝胶为飞船的有效荷载隔热，"火星探路者号"探测器就是一个典型的例子。"星尘号"探测器利用气凝胶捕捉到高速飞行的彗星微粒和星际尘埃微粒，并保证这些微粒既不会由于撞击受到损坏，也不会被摩擦产生的热量所毁坏。

和硬度都极高的物质。当彗星微粒和星际尘埃微粒被气凝胶粘住时，它们的运动速度在刹那间从每小时1万多英里（16 000多千米）下降为每小时0千米，同时它们既不会断裂也不会弯曲。当微粒收集工作进行完毕以后，机械臂将会收回到返回舱当中。同时，气凝胶也被保存在返回舱当中。

▶ "星尘号"是如何将收集到的彗星微粒和星际尘埃微粒送回地球的？

当"星尘号"于2004年1月2日对"威尔德2号"彗星进行近天体探测飞行时，它的微粒收集装置始终处于开启的状态。2006年1月15日，当"星尘号"掠过地球大气层的最顶层时，它将返回舱投向了地球。返回舱沿着比较平展的轨道以大约2.9万英里/小时（4.65万千米/小时）的速度重新进入了大气层，成为有史以来在重新进入大气层时速度最快的人造天体。随着一系列降落伞的弹出，返回舱的运行速度渐渐地变慢。返回舱最后在犹他州的沙漠中安全着陆，它一共带回了100多万颗彗星微粒和星际尘埃微粒，这些用于科学研究的微粒都被粘在气凝胶上。

▶ "星尘号"宇宙飞船和太空探测任务拥有怎样的历史地位？

在返回舱安全着陆以后不久，"星尘号"就进入了冬眠状态。在此期间，科学家们一直在思考如何进一步利用"星尘号"的飞船完成其他的太空探测任务。最后，科学家们决定让这艘飞船针对"坦普尔1号"彗星展开拓展科学研究，"坦普尔1号"彗星曾经是"深度撞击号"探测器的研究目标。"星尘号"会收集关于"坦普尔1号"彗星的图片和科学数据。同时，它还进一步研究在"坦普尔1号"彗星表面由于撞击而留下的坑。于是，"星尘号"被重新激活了，并开始飞向新的目的地，它此次执行的任务被命名为"NExT号"太空探测任务，"NExT"是指针对"坦普尔1号"彗星进行的新探测任务。

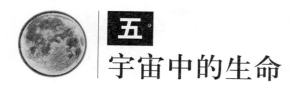

五

宇宙中的生命

生活在宇宙中

▶ 人类可以生活在太空中吗？

人类不仅能够生活在太空中，而且的的确确已经生活在太空中了！自从1971年以来，人类所设计的空间站一直在低地球轨道进行运行。人们利用空间站可以在外层空间逗留较长的时间。实际上，人类已经在太空中连续逗留了将近10年的时间。由于人类已经在太空中逗留了这么长的时间，地球上的普通人对此已经习以为常了。人类目前所面对的挑战是如何生活在低地球轨道以外的外层空间。例如，在月球和火星的表面，或位于遨游于各个行星和恒星之间的宇宙飞船中。

▶ 为了使人类生活在太空中，需要什么样的生命保障支持？

太空中的生命保障支持包括可以呼吸的空气、可以饮用的水、可以食用的食物和可供移动的空间。而上述支持均需要以人工的方式获得。同时，支持生命存在的太空环境要能够保证空气的循环和废物的处理，这就要求它在光线和热量两方面满足一定的条件。位于地球大气层以上的任何人类居住场所必须能够抵御太空环境的各种危险。例如，过量的辐射、宇宙射线和流星体。

▶ 宇宙环境对人的身体会产生怎样的影响？

当人们来到深邃的太空,他们会处于失重状态。当人们乘坐的航天器处于运行轨道中时,他们同样会处于失重状态。也就是说,此时引力对人的身体的作用力为零。当然,这并不是由于人们远离地球,而是由于他们的运行速度和轨道加速度正好抵消了地球的重力加速度。由于在人类的进化环境中,地球的引力并不为零。所以,人类的生物系统对零重力环境和微重力环境反应极为剧烈。这种反应具体表现为,血液等体液将涌向人的面部,从而使面部皮肤发生膨胀;同时,由于肌肉长期闲置不用,人的肌肉纤维会渐渐地变细,并最终导致肌肉萎缩;另外,由于骨骼中的矿物质循环趋缓会导致骨密度的下降,人们有可能患上类似于骨质疏松症的疾病。所以,当人们长期逗留在太空中时,他们必须使身体保持积极的运动状态,这样才能保持身体的健康。

为了生活在零重力环境中,人们必须作出一定的调整。图中可以看到航天飞机的宇航员凯思琳·沙利文(左侧)和莎莉·莱得正向人们展示由尼龙搭扣和橡皮筋细绳构成的固定装置,这种固定装置可以防止宇航员在睡眠状态下飘向太空(美国国家航空航天局)。

▶ 宇航员在天空实验室中的生活状态是什么样的？

天空实验室里的生活条件是相当优越的。这个实验室仿佛是太空里的一个大罐头盒子。宇航员的生活区域非常宽敞，宇航员拥有各自不同的就寝空间。实验室的厨房里有一个大冰箱，冰箱里有不同的空间来储存72种不同的食物。此外，厨房里还有一个用来加工不同食品的烤箱。这里的餐桌被特意放置在窗户的旁边，这样一来，宇航员就可以一边品尝美食，一边欣赏太空的美景。天空实验室还首次配备了淋浴系统和私人卫生间（卫生间里还配有一条安全带，从而避免宇航员飘入太空）。

▶ 天空实验室的宇航员如何锻炼身体？

宇航员们为了保持身体健康，并防止肌肉萎缩，要利用天空实验室携带的健身设备锻炼身体。这里的健身器材包括一台固定的自行车和一台踏车。然而锻炼却产生了奇怪的效果：宇航员的汗水从他们的身体上飘离，以至于他们不

在"和平号"空间站上，美国宇航员沙南·鲁西德为防止骨骼和肌肉退化，正在锻炼身体（美国国家航空航天局）。

得不努力用一块毛巾在空中接住这些汗水，从而避免由于过多汗水的飘落而对航天器产生不良的影响。

▶ "和平号"空间站的宇航员的生活状态是什么样的？

"和平号"空间站有两个供宇航员休息的小卧舱，还有一个公共的就餐区域。此外，和平号空间站还携带了一些健身器材。它可以容纳3名宇航员同时在太空中长期逗留，也可以容纳最多6名宇航员在太空中短期逗留，逗留的最长时间为1个月。人们在最初设计这个空间站时，由于考虑到宇航员要长期生活在这里，不仅充分注意了空间站的舒适程度，而且还为宇航员设计了私人空间。

▶ 宇航员在国际空间站生活了多长时间？

自从2000年11月2日以来，国际空间站一直处于至少有两位宇航员在这里工作的状态。按计划，至少在2016年以前，一直会有宇航员在这里工作。到目前为止，来自十多个国家的宇航员先后访问过国际空间站。此外，还有一些自费

 ▸ 人类最多在太空中逗留了多长时间？

人类最多在太空中逗留了803天。在此期间，这位宇航员参与了多项太空探测任务。创造这一伟大成绩的是俄罗斯宇航员谢尔盖·克里卡列夫（1958—　）。另一位俄罗斯宇航员瓦列里·波利亚科夫（1942—　）保持着在太空中连续逗留时间最长的纪录。在1994年1月～1995年3月，波利亚科夫一共在"和平号"空间站工作了438天。

在太空中逗留时间最长的女性是美国宇航员沙南·鲁西德（1943—　），她一共在太空中逗留了223天。美国宇航员萨尼特·威廉姆斯（1965—　）是在太空中连续逗留时间最长的女性，她曾经在2006年12月～2007年6月在国际空间站中连续工作了195天。

的太空游客乘坐火箭来到这里。他们在这里花时间完成了一些简单的太空活动,然后又返回了地球。2003年8月10日,一位宇航员在国际空间站上完成了自己的婚礼。当他乘坐的飞船飞越新西兰上空时,他和新娘分别发表了结婚誓言。当时,地面上的新娘位于美国的得克萨斯州。

▶ 什么是国际空间站?

国际空间站(ISS)是一个由各国共同管理的太空探测飞船。目前它正在海拔210英里(340千米)的轨道内进行飞行。这个空间项目最初源于美国政府和苏联政府签署的一份协议。起初,双方都想在太空中建造永久的空间站。但是,由于政治和资金方面的原因,双方始终都没有实现自己的理想。1991年,随着苏联的解体和冷战的结束,美国和俄罗斯的民用航天项目不得不让位于其他的项目,这也意味着美国的"自由号"空间站和俄罗斯的"和平2号"空间站这两个项目不得不处于接近停滞的状态。1993年美俄两国达成协议,共同建造一座新的、真正意义上的空间站。按计划,该项目将于2010年完成。这个计划最终让美俄两国的选民和纳税人都感到非常满意。

今天,国际空间站已经成为俄罗斯、加拿大、日本、巴西、意大利、美国等国的航天机构共同参与的合作项目。1998年11月20日,国际空间站的第一艘太空舱被俄罗斯的"质子号"火箭发射升空。国际空间站的第二艘太空舱被"奋进号"航天飞机送入了预定轨道。完整的国际空间站将拥有14个增压舱,它们的内在空间总计为3万立方英尺(1 000立方米),它们的重量总计为450多吨。

▶ 国际空间站的结构是怎样的?

虽然国际空间站的计划刚刚完成了一半,国际空间站已经成为迄今为止规模最大的空间站。它拥有一个狭长的连接架,这个连接架将几个不同的太空舱横向连接起来。它还配有几套太阳能电池板,从而保证了空间站不同系统的电力供应。如果将国际空间站的太阳能电池板排列在一起,它的长度大约相当于一个足球场。国际空间站的许多重要部件原本将被用于其他的空间站,例如:美国的"自由号"空间站、俄罗斯的"和平2号"空间站和欧洲航天局的"哥伦布

这是一幅艺术家绘制的图片。我们在图中可以看到一架航天飞机正准备与"自由号"空间站实现对接（美国国家航空航天局）。

号"实验舱以及日本的"希望号"实验舱。

▶ 国际空间站的科学价值是什么？

评论家们长期以来一直针对国际空间站项目的科学价值进行争论。虽然争论的方式和程度各有不同，但是始终有人认为，这一项目虽然耗资巨大，但是并无实际的科学价值。他们认为，人们本可以花更少的钱来得到国际空间站所获得的那些科学成果。人们争论的另一个焦点是，这么多国家参与这个项目是否会降低该项目的效率，并造成人力物力的浪费。还有人认为，实际上，这种存在于低地球轨道内的生命保障系统不仅造价昂贵，而且存在一定的风险，而且它将本可以用于更多空间项目的资源全部耗尽。

虽然这些观点看上去好像都有道理，不过我们不应该单纯从经济的角度看待国际空间站这个项目，而应该更多地从整个社会发展的角度来审视这个项目。事实上，历史上的任何空间项目都价格不菲，一些项目还曾经给人类带来过尴尬、失败乃至悲剧。即使如此，人类进行的航天飞行和太空探测还是帮助人类超越了地球的自然界限。从某种意义上讲,国际空间站项目在获得成功的同时也产生了一些负面的效应:由于宇航员在国际空间站逗留的时间过长,往返于地球和国际空间站之间的太空之旅变得非常平常,所以这一项目已经无法让纳税人和立法者感兴趣。除了航天飞机自身的运行成本以外,美国政府每年花在国际空间站项目上的钱大约为20亿美元。这笔钱看上去的确是一个不小的数额,但是它仅仅相当于每个美国人每天消费了不足2美分。实际上,国际空间站不但激发了我们的创造力和想象力,而且使我们想更多地了解太空。总之,这个项目还是物有所值的。

地球和月球上的生命

◉ 哪些因素使地球成为太阳系中独一无二的天体?

从目前我们了解到的情况来判断,地球是宇宙中唯一支持生命存在的星球。许多科学家都认为,将来有一天,我们会在宇宙的其他角落里找到生命。但是,即使我们在太阳系、其他星系或宇宙中发现了别的生命形式,我们同样应该意识到生命是宝贵的。同时,我们还应该珍视这一事实,那就是我们与许多种类的动植物共同生活在地球这个星球上。

▶ 地球上的磁层对动物会产生怎样的影响?

地球上的磁场对于那些定期迁徙或要长距离跋涉的动物来说是非常重要的。一些动物体内的磁感应器官给人留下了深刻的印象。生物学家已经证明,许多定期迁徙的鸟类正是利用地球的磁场为自己指路。作为高等动物的人类,也从地球磁层中获益,他们学会了利用指南针来辨认南北方向。

▶ 地球大气层对地球上的生命有怎样的重要意义?

离开了地球大气层的保护,地球上几乎没有任何生命形式可以长时间地生存。人类需要依靠大气层进行呼吸。地球大气层还可以阻挡来自宇宙中的有害辐射。地球大气层的压力使地球表面的水资源以液态的形式存在。此外,地球大气层产生的温室效应使地表的温度保持在一定的范围内。

▶ 对于地球生命而言,温室效应的存在究竟是好事情,还是坏事情?

对于地球生命而言,许多物理条件关键在于是否适度,温室效应也不例外。适度的温室效应对于地球生命绝对是一件好事情。离开了温室效应,地球表面的海洋会结冰。然而,如果温室效应大幅度增加,许多地球上的生物体和物种以及包括人类文明在内的地球环境系统,都会经历剧烈的变化甚至最终绝迹。金星的逃逸温室效应就是一个典型的例子。在那种极端的环境里,地球上所有已知的生命形式将会消失。

▶ 对于地球生命而言,臭氧层的存在有怎样的重要意义?

臭氧层的存在对于地球生命有着重要的意义。与拥有两个氧原子的普通氧气不一样,臭氧拥有 3 个氧原子。臭氧可以有效地吸收能量极高的紫外线,这些紫外线对动植物和人类都是有害的。

▶ 对于地球生命而言,地球磁场的存在拥有怎样的重要意义?

地球磁场会延伸到太空中,从而形成了一种被称为磁层的结构,这种结构包围着整个地球。太阳风或太阳日冕大爆发产生的带电粒子有时会冲击地球的磁层。不过,地球的磁层会使大量的粒子远离地球的表面,从而大幅度地减小了这些粒子对地表的影响。这样一来,人类也得到了相应的保护。

▶ 海洋潮汐对于地球生命的进化具有怎样重要的意义?

地球上所有的动物过去都生活在海洋里。科学家们认为,为了使动物们进

由于月球的引力所产生的海洋潮汐为早期地球生命完成从海洋到陆地的过渡创造了机会（iStock）。

化到以陆地为基础的生命形式，关键在于存在一个介于海洋和陆地之间的过渡区。也就是说，某些临海的地方应该时而干涸，时而潮湿，而上述变化必须存在较长的周期。这样一来，动物们就可以在慢慢适应比较干涸环境的过程中完成自身的进化过程。几百万年以后，这些动物最终进化为陆地上的动物。定期经历海洋潮汐的地区为动物们的进化提供了过渡区域，海洋潮汐的变化周期大约为13小时。所以，像人类这样的陆生动物在开始进化时可能存在于古代大陆沿海地区的潮汐盆地和满潮湖中。如果没有月球，海洋潮汐就不可能存在。换句话说，对于地球的生物进化而言，月球的存在是至关重要的。

彗星可能成为地球的水和生命的发源地吗？

由于彗星包含了大量的冰块和岩石，天文学家们推断，在地球形成的早期，由于许多彗星与地球发生了碰撞，地表留下了大量的水资源。最近，还有科学家提出了其他的假说，他们认为，像合成蛋白和DNA分子等生命的基本组成部分可能形成于太阳系或其他星系的某个角落，它们在几十亿年前变成了彗星表面的冰块,并被彗星带到了地球的表面,为地球早期生命形式的出现创造了条件。然而,最新的研究表明,虽然地球以外的天体有可能将一些水资源带到地球的表面,但是,由于包含一定水资源的彗星冰块在星际空间中会面对低温和强辐射的环境,所以,这些复杂的有机分子结构很有可能在短时间内发生分解。也就是说,它们不可能像彗星一样在太空中存在几百万年。

▶ 木星是如何对地球上的生命提供保护的?

虽然木星与地球之间的平均距离为5亿英里(8亿千米),但是它强大的引力在地球生命的进化过程中发挥着重要的作用。木星利用自身的引力将各种物质吸引过去,这其中也包括彗星和小行星。如果地球在过去的40亿年里受到大量彗星和小行星的猛烈冲击,它就不可能发展演变成今天的样子。木星就像一个盾牌,将大量彗星的抛射物吸收过去。否则这些彗星抛射物极有可能使地球生命遭到重创。

▶ 月球的表面有液态的水资源吗?

月球的表面没有液态的水资源。这主要是因为月球没有大气层。离开了大气层的压力,水就不可能保持液态。目前,还没有任何证据能够证明在月球表面以下存在液态的水资源。

▶ 月球的表面有冰吗?

有证据表明,月球的表面确实存在由固态水资源构成的晶体结构。1994年,"克莱门特号"月球探测器对月球的南极地区进行了探测,探测结果表明,在月球的土壤和岩石中可能存在固态的水资源。"克莱门特号"的探测区域与4个足球场的面积大致相当,它的探测深度约为16英尺(5米)。科学家们认为,这些固态的水资源可能位于一个深深的陨石坑当中，它们很有可能是彗星撞击月球表面所留下的，那些彗星主要是由固态的水资源构成。由于太阳的光线无法到达陨石坑的深处，这些固态的水资源不仅不会融化，而且可以保留下来。

太阳系内的生命

▶ "卡西尼号"在"恩科拉多斯"卫星的表面发现了什么？

"卡西尼号"在"恩科拉多斯"卫星的表面发现了一个有趣的现象，这颗卫星所包含的液态水资源会像间歇泉一样涌向太空的深处。此外，光线最暗且距离最远的土星环是E环，它主要是由一些凝固的小水滴构成的。以上现象暗示，我们也许可以在"恩科拉多斯"卫星的表面发现某种生命形式。

▶ 太阳系中的液态水资源存在于什么地方？

众所周知，地球的表面具有丰富的水资源。人类在过去的10年间对火星进行了细致的研究。大量的研究结果显示，在火星的地下存在液态水资源。它们偶尔会从峡谷的岩壁中涌出。此外，它们也会在火星的表面发生地质变迁时涌出来。"伽利略号"宇宙飞船的研究结果显示，在木星的两颗卫星"欧罗巴"和"甘尼米德"的地下深处可能存在液态的水资源。"卡西尼号"宇宙飞船的研究结果显示，土星卫星"恩科拉多斯"的液态水资源会像间歇泉一样穿过地表的裂缝涌向太空的深处，在"恩科拉多斯"的表面到处覆盖着冰层。

▶ 那些支持生命存在的化学物质存在于太阳系的什么地方？

几乎所有太阳系天体都包含一些化学元素，它们对于任何已知的生命形式都是必不可少的。这些化学元素包括：氢、氧、碳和氮。实际上，它们是宇宙中最普通的化学元素。在有些地方上述元素的含量特别高，例如，气体巨行星的大气层中，地球、火星和"泰坦"卫星的表面，也许还包括"欧罗巴"和"甘尼米德"

这两颗卫星的地下深处。

▶ 那些支持生命存在的稳定能量存在于太阳系的什么地方？

太阳系中最充足的稳定能量来自太阳。在太阳周围距离适中的范围内，太阳辐射的强度恰好可以使冰化成水。同时，适宜的温度又可以保证液态水不会蒸发成水蒸气。地球恰好就在这个范围内。

有趣的是，在太阳系许多其他天体的地下，稳定的能量可能来自地壳的深处。如果存在引力的相互作用，这种能量会在整个天体的表面流动。同时，密度较大的金属物质会穿过质量更轻的地质结构慢慢地下沉，这些地质结构要么是由岩石构成，要么是由气体构成。上述过程被称为质量的分化过程。当质量分化过程不断地进行时，它会释放出引力潜在能量，这一缓慢的过程会持续相当长的时间。除了地球以外，还有一些太阳系天体的地下能量足以支持生命的存在，它们分别是火星、"欧罗巴"卫星和"甘尼米德"卫星。

▶ "惠更斯号"探测器在研究"泰坦"卫星的表面是否存在生命时，获得了哪些科学发现？

长期以来，科学家们一直认为"泰坦"卫星拥有支持生命存在的化学元素。他们希望"惠更斯号"探测器能够在"泰坦"卫星的表面发现某种生命形式。然而，"惠更斯号"实际上并没有在"泰坦"卫星的表面发现任何生命形式。不过，"惠更斯号"确实发现了可以证实某些重要的科学假说的证据。根据这些科学假说，"泰坦"卫星的表面存在可以说明生命存在的特殊迹象。

例如，天文学家们设法解释为什么甲烷气体可以存在于"泰坦"卫星的表面。从理论上说，太阳的紫外线光可以摧毁所有处于自由状态的甲烷气体。地球大气层中的甲烷气体可以用其他的有机体来进行补充。而由于"泰坦"卫星的表面温度过低，任何生命形式都无法生存。"惠更斯号"收集到的科学数据恰好与理论模式相一致。行星科学家们现在意识到，就像几十亿年前水蒸气被留在了地球大气层中一样，火山喷发等地质活动使"泰坦"卫星的环境中充满了甲烷气体。

虽然"惠更斯号"没有在"泰坦"卫星的表面发现任何生命形式，但是它却证明了这颗卫星拥有形成生命所需的全部基本化学元素。除此以外，它还在

"泰坦"卫星的表面发现了由液态的甲烷构成的湖泊、河流、小溪、海洋和复杂多变的环境系统。此外，科学家们还利用"惠更斯号"获得了许多新的科学数据，从而继续在其他天体上搜寻可能存在的各种生命形式。

什么是"猎犬 2 号"航天器，它经历了怎样的命运？

到20世纪末的时候，人类已经累计发射了30多个火星探测器，其中只有10个火星探测器完成了自己的主要任务。2003年，又有一个火星探测器没能完成自己的任务。当时，英国和欧洲航天局联合发射的"火星快车号"宇宙飞船将"猎犬2号"着陆舱投向了火星。这个着陆舱是以当年查尔斯·达尔文所乘坐的一艘船的名字来命名的。达尔文在乘坐这艘船进行科学考察时，提出了著名的生物进化论。按照科学家们最初的设计，"猎犬2号"要在火星表面寻找生命的迹象。虽然"火星快车"号宇宙飞船成功地进入了预定轨道，但是"猎犬2号"没能成功地着陆。科学家们认为，这个着陆舱很有可能在着陆的过程中遇到了问题，从而失去了与地面的联系。

◉ 在木星卫星"欧罗巴"的表面可能存在生命吗？

研究结果显示，在"欧罗巴"卫星固态表面结构下方的几英里处存在一个浩瀚的海洋，那里有丰富的液态水资源。针对在这个地下海洋生态系统中能否出现某种生命形式的问题，科学家们产生了很大的分歧。

◉ "海盗号"太空探测计划的主要任务是什么？

20世纪70年代，人们还不清楚火星的表面是否存在生命。实际上，人们通过已有的科学数据已经得出了结论，火星表面的环境不能支持生命的存在。不过，苏联的火星系列探测器和美国的"水手号"火星系列探测器传回的数据显示：火星的表面环境存在一种周期性的变化，这一变化的周期可能长达5万年。也就是说，虽然火星的表面今天看上去非常寒冷干旱，但是在遥远的过去那里可能非常温暖潮湿。上述发现增加了火星表面存在生命进化的可能性。这些在火星表面完成进化过程的生命体，在目前的火星环境里可能处于休眠状态，当火星的气候环境在遥远的将来变得适合生命存在时，这些生命体可能会从冬眠状态中苏醒过来。"海盗号"太空探测器的主要任务是在火星的表面寻找生命的迹象，无论它是处于休眠状态还是处于其他状态。

 ▶ 脉冲星与"小绿人"有怎样的联系？

第一批脉冲星无线电信号是科学家乔瑟琳·苏珊·贝尔·博内尔（1943—　）和安东尼·休伊什（1924—　）在20世纪60年代发现的。它们出现的时间间隔为1.337秒。这些脉冲信号的规律性非常强，以至于我们无法想象出是什么样的自然现象导致它们的出现。在地球上，只有生物体和人造的机器能够产生如此有规律且周期明显的现象。贝尔·博内尔和休伊什努力研究这些脉冲信号是否是地球以外的生命体发出的，并幽默地把这些产生脉冲信号的脉冲星称为"小绿人"，英文简称为"LGM"。事实证明，这些脉冲信号来自中子星，这些中子星不仅可以快速旋转，而且由于电磁效应携带电荷。

寻找智慧生命

▶ 科学家们如何在地球以外寻找智慧生命？

"外星生命探索"项目的英文简称是"SETI"。这个有趣的项目充分地发挥了几代思想家的创造力和想象力。长期以来，这一项目并没有被绝大多数人当作主流科学领域的研究项目。今天,尽管世人关于"外星生命探索"的讨论还停留在猜想和伪科学领域,但是与此同时,人们也努力地在地球以外寻找智慧生命,这种努力不仅合法可信,而且有科学理论指导。

现代人在完成搜索智慧生命的任务时,通常会使用无线电望远镜,并将搜寻目标锁定为地球附近的恒星。这些恒星往往与太阳十分相似。上面提到的无线电望远镜发挥天线的作用。人们利用它可以偶然或有意地收集外星人从他们所在的行星发出的通信信号。

▶ **在监控外星人发出的无线电信号的过程中,人们会遇到什么样的挑战?**

这项科学研究能否成功不仅取决于地球以外是否存在智慧生命,而且取决于这些外星生命是否懂得发出通信信号。实际上,无线电信号会在相当短的时间内在太空中发生弱化,当它们在太空中刚刚行进了几十光年时,星际介质会将它们驱散开来或团团围住。这样一来,即使地球上最大型的无线电望远镜也无法捕捉到它们的存在。

什么是SETI@主页程序?

SETI@主页程序是由SETI研究院负责设计和推广的。一些致力于外星生命研究的科学家组成了SETI研究院。SETI@主页程序是一个屏幕保护程序。它在计算机闲暇不用时利用计算机闲置的计算能力分析大量的无线电波数据。这些数据是人们在寻找外星人发出的无线电信号的过程中收集到的。

仅在2008年一年里,SETI@主页程序所使用的计算能力已经超过了历史上任何其他的软件程序。它利用这些计算能力努力地搜寻来自地球以外的无线电信号。不过,到目前为止,任何一台计算机也没有发现外星人发出的无线电信号。

▶ 哪位科学家首先进行了寻找外星生命的科学研究?

美国天文学家法兰克·德雷克(1930—)被公认为是第一个针对外星生命进行科学研究的人。德雷克在芝加哥长大,他先后在康奈尔大学和哈佛大学获得了学位。1960年,他首次利用无线电望远镜寻找外星生命,这一研究项目也被称为"奥兹玛计划"。他还与其他科学家共同组织召开了研讨"外星生命探索"的学术会议,并为创建SETI研究院做出了贡献。此外,他还提出了著名的"德雷克公式"。

当被问及是什么使他对SETI这个项目如此感兴趣,德雷克回答:"我只是感到好奇;同时,我特别想弄清楚宇宙中到底存在什么。对我来说,最有趣的事情并不是在宇宙中发现新的恒星、星系或其他天体,而是发现新的生命形式。"

▶ 什么是"德雷克公式"?

"德雷克公式"(有时也被称为"格林班克公式")是一个数学公式,它的命名方式是为了纪念最先进行外星生命研究的科学家法兰克·德雷克。这个数学公式概括了SETI的理论框架。根据这个公式,银河系中存在的可以与人类进行通信联系的外星文明的数量与下面7个因素有关:(1)银河系中恒星形成的速率;(2)恒星拥有行星的可能性;(3)围绕恒星运行且适合生命存在的行星的平均数;(4)适合生命存在的行星真正拥有生命的可能性;(5)拥有生命的行星产生高智文明的可能性;(6)这种文明形成无线电信号和大气层变化等可被人类发现的生命迹象的可能性;(7)这种文明向太空中发送这些可以被人类发现的信号所需的时间。

当我们研究"外星生命探索"这个问题时,"德雷克公式"可以成为非常有用的工具。我们可以用科学的方法研究公式中提到的7个方面的因素。不过,在目前这个历史阶段,人类所掌握的科学信息还不足以使人们精确地计算出绝大多数因数的准确数值。尽管这样,天文学家们一定会继续进行这个领域的研究。目前,天文学家们认为,在银河系中,大约每隔几年就会形成一个像太阳一样的恒星。当然,科学家们目前也只是粗略地估算出恒星形成的速率。

▶ 地球以外的智慧生命有可能首先发现人类吗?

由于人类已经将能够证明自身存在的信息发送到宇宙中,所以来自其他星球的智慧生命的确有可能在我们发现他们之前首先发现我们。1974年,天文学家们利用位于波多黎各的阿雷西波无线电望远镜,将一条简短的无线电信息发送到"梅西耶13"这个天体的表面。这个球形的星团是由数10万颗恒星构成的,它与地球之间的距离大约为2.5万光年。半个多世纪以来,人类利用广播电视发射塔将无线电信号和电视信号源源不断地传送出去。此外,一些人造天体已经越过了太阳系内的行星轨道,进入更遥远的太空区域,这些人造天体包括:"先锋10号""先锋11号""航海家1号"和"航海家2号"。天文学家们还特意让这些宇宙飞船携带了关于太阳系、地球和人类的图片和录音资料。

▶ "先锋10号"和"先锋11号"为什么携带了金制的饰板?

"先锋10号"和"先锋11号"分别携带了一块金制的饰板。饰板上雕刻着一些关于地球和人类的信息。科学家们主要考虑到,一旦这两艘航天器在深邃的太空中遇到了来自其他星球的智慧生命,这些智慧生命就可以了解我们和我们的星球了。

▶ "航海家号"宇宙飞船携带的"金唱片"是怎么回事?

两艘"航海家号"宇宙飞船目前已经越过了海王星的运行轨道。它们分别携带了一个镀金的唱片,唱片上面刻有一些象形文字,文字的内容是关于如何利用简单的(用人类的标准来衡量)电学技术来使用这张唱片。在每张"金唱片"上录有长度大约为两小时的内容。实际上,这些内容都与各种声音有关,例如:下雨的声音、打雷的声音、鸟类和动物的叫声、人类说话的声音和各种音乐的声音。如果其他星球的智慧生命发现了任何一艘"航海家号"宇宙飞船,他们都有可能在一定程度上了解人类和地球。实际上,这两张"金唱片"是人类从远方给外星生命带去的美好祝福。

人们在"航海家号"宇宙飞船携带的"金唱片"上录制了各种来自地球的声音。也许有一天外星人真的会听到这些声音（美国国家航空航天局）。

◉ 关于地球以外存在智慧生命这一观点的最大分歧在哪里？

意大利物理学家恩里科·费米（1901—1954）曾经被问及地球以外是否存在智慧生命。他的回答是："智慧生命是什么？"费米针对地球以外是否存在智慧生命提出了一个悖论。它可以被简单概括如下：如果地球的科技进步按现有的趋势发展下去，再过几百年或 1 000 年，人类将有可能在星际空间进行太空生活。在那以后，如果我们乘坐太空船花上 100 年的时间到达距离我们最近的恒星，人类就可以在大约 1 000 万年以后在整个银河系中找到自己的住处。在将近 100 亿年的时间里，银河系一直在不断地演变，新的恒星不断涌现。与银河系相比，人类文明发展到今天这样发达的程度却只花费了较短的时间。如果银河系中还存在另一个与人类文明相似的发达文明形式，我们一定能够通过天文观测发现关于他们存在的证据。既然我们目前还没有发现这方面的证据，我们就有理由认为这种文明形式根本不存在。

◉ 关于地球以外存在智慧生命这一观点的最有力的论述是什么？

目前，关于地球以外存在智慧生命这一观点的最有力的论述如下：（1）由于宇宙中分布着太多的行星，所以某些行星的环境一定与地球环境十分类似。（2）在地球表面的各种生态环境中，人类都发现了生命的存在。（3）自然界的规律是普遍的，所以既然地球可以支持生命的存在，那么类似地球的行星也可以做到这一点。按照这种推理模式，我们几乎可以肯定：除了地球以外，在宇宙的某个角落里也一定存在生命。

◉ 有一种观点认为：地球以外的确存在智慧生命，但是他们无法同我们取得联系。这个观点的道理是什么？

有人认为，地球以外没有智慧生命。另外一些人对他们的观点进行了反驳。他们认为：与人类文明一样，任何智慧文明都会努力利用新技术发明对付敌人的武器。所以，这些智慧文明在超越他们所在的"太阳系"之前就有可能被那些先进的武器摧毁了。当我们想到人类发明了足以毁灭自身的核武器和生物武器等技术时，就会意识到，实际上人类自身的发展史已经证明了上面的假说到底能否成立。

外 部 行 星

▷ 什么叫外部行星？

外部行星又被称为太阳系以外的外部行星，它是指不在太阳系中的行星。20世纪90年代晚期，人类证实了第一颗外部行星的存在。从那以后，人类相继发现了200多颗外部行星。目前，人类每年都能发现10多颗新的外部行星。

▷ 天文学家们是怎样发现外部行星的？

到目前为止，发现外部行星的最常用的方法是利用光线的多普勒移动。当

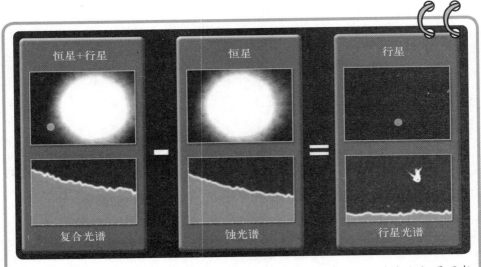

通过分析一颗恒星周围的光谱变化，天文学家们可以推断出在这颗恒星的附近，是否有一颗体积与木星相当的行星在围绕它飞行（美国国家航空航天局/美国宇航局喷气推进实验室-加州工学院/R.Hurt）。

一颗行星围绕恒星运行时，它会使恒星系统的引力中心前后移动。科学家们利用光谱技术可以捕捉到这种运动，从而推论出是否有一颗行星正在围绕这颗恒星运转，以及这颗行星的质量和它的运行轨道的长度。

另一种发现外部行星的方法，是在我们观测恒星的视线范围内寻找移动行星的影子。利用这种方法发现的外部行星的数量较少，这主要是因为外部行星很少会出现"蚀双星"的现象。但是，天文学家们可以利用这种方法更多地了解外部行星，他们可以了解到的参数包括外部行星的体积、温度、化学构成和大气密度。

绝大多数的天文学家们认为，寻找外部行星的最佳方法是利用天文观测设备直接观测到它们的存在。不过，目前的天文学设备还无法满足这一要求，这是由于恒星发出的光线在亮度方面要远远高于它周围的行星。众所周知，在探照灯的光束中人们很难发现萤火虫。而利用天文观测设备直接观测外部行星的难度更大。科学家们正在努力研究一种新的技术，以解决恒星与外部行星的亮度差异对天文观测产生的影响。也许，用不了几年的时间，人类就可以利用天文观测设备观测到存在于遥远的恒星星系中的外部行星了。

▶ 如何利用干涉量度学来发现外部行星？

科学家们可以利用干涉量度学来获得宇宙天体的翔实图片。同样，他们也可以通过分析光线的干涉图样来获得翔实的光谱。天体的运动会在光谱中形成多普勒位移，利用多普勒位移来研究天体的运动是相当准确的。例如，科学家们利用现有的技术可以测量出细微的速度变化，这一变化就好比一个人在数百兆英里的路途中时而快跑时而慢跑。

实际情况证明，一些体积较大的行星对恒星的运行速度产生了影响。例如：如果气体巨行星木星在水星的位置上围绕太阳运行，太阳会发生前后的摇晃，它的运行方向每隔几星期会发生一定的改变，这种改变与上文提到的跑步速度变化非常类似。通过测量距离较近的类似太阳的恒星的光谱，并利用干涉量度学来探测它们在运行速度方面的细微改变，科学家们可以探测并证实恒星周围是否存在行星。数百颗外部行星就是通过这种方式被发现的。实际上，这些外部行星都在围绕遥远的恒星进行运转。

外部行星系统使我们对太阳系有了哪些了解?

人类通过对外部行星系统的研究改变了自己对整个行星系统的认识。在人类发现外部行星系统之前,人类通常用太阳系来代表整个行星系统。或者说人类将太阳系的理论模式当成理解所有行星系统的模板。到目前为止,人类已经发现了数百个外部行星系统,但是在它们当中还没有一个和太阳系相似的行星系统。虽然绝大多数科学家都认为,人类早晚能够发现和太阳系一样的行星系统。但是,他们目前不得不面对的事实是,已经发现的大部分行星系统与太阳系没有任何相似之处。与10年前相比,关于行星系统和行星形成过程的理论模式如今已经变得更加丰富了。我们现在终于意识到,虽然太阳系和其他的行星系统共同遵循同样的自然规律,但是它仍然是宇宙中非常特殊的地方。

▶ 外部行星系统是什么样的?

外部行星系统与我们的太阳系截然不同。至少根据天文学家们目前观测到的情况,我们应该得出上述的结论。例如:在绝大多数的外部行星系统的周围总会有一些气体巨行星围绕它们运行。它们之间的距离要小于水星和太阳之间的距离。这一特征决定了存在于这些外部行星系统内部的类地行星将会被摧毁。

▶ 在人类已经发现的外部行星当中有没有与地球相似的?

到目前为止还没有。天文学家们即使利用最先进的科学技术也无法直接观测到外部行星系统中的行星。然而,我们的的确确知道,目前我们发现的外部行星系统都至少拥有一颗气体巨行星在围绕它们旋转。这些行星的质量要么与土星的质量大致相当,要么超过了土星的质量。也许在一些外部行星系统的内部

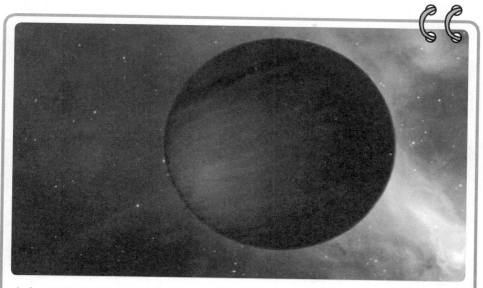

这是一幅艺术家创作的图片。我们在图中看到的是体积与木星大致相当的外部行星 HD149026b。这颗气体巨行星近距离围绕恒星旋转，它的平均温度可以达到3 700°F （2 040℃）。此外，这颗气体巨行星的表面不仅炎热而且黑暗，这是由于它的大气层吸收了绝大多数的太阳能（美国国家航空航天局/美国宇航局喷气推进实验室-加州工学院/ T. Pyle）。

还包含一些体积更小的类地行星，但是我们目前无法观测到它们，也无法探测到它们的存在。一般来讲，既然影响太阳周围的行星的物理规律同样适用于其他恒星周围的行星，那么我们就可以大胆地推断，类地行星也许在外部行星系统中非常普遍。当然，在利用天文观测设备直接观测到它们之前，我们对此还没有把握。

▶ 寻找类似地球的外部行星会遇到哪些困难？

人们已经意识到，到目前为止，我们在寻找外部行星的过程中受到了现有技术的限制。一方面，我们根本无法探测到太阳系以外的类地天体的运动；另一方面，我们只能证明那些体积和质量都比较大的行星的存在。同时，天文学家们在寻找外部行星时受到了时间的限制。众所周知，木星的公转周期超过了10年。所以，天文学家们为了发现一颗在运行轨道方面类似于木星的行星，需要对一颗遥远的类似太阳的恒星观测更长的时间。随着科学技术的发展,我们越来越有可能最终发现一个与太阳系非常类似的行星系统。

▶ 为什么我们在讨论生命形式时,通常会强调它们是"我们所了解到的"生命形式?

　　支持地球生命存在的基本化学条件和环境条件是一系列变化范围非常小的参数。实际上,人们在判断地球以外是否存在生命时,只依靠一种范围狭小的理论模式。一些思路开阔的科学家在讨论地球以外是否存在生命时,不会随意地排除任何一种可能性。他们认为,虽然那些存在于宇宙中的生物体可能遵循截然不同的生物物理和生物化学规律,但是它们的条件完全可以达到宇宙中生命体存在的基本条件。所以,那些寻找外星生命的科学家经常声称,他们正在努力搜寻的是一种"人类目前已经了解"的生命形式。

位于其他行星表面的生命形式

▶ 什么是"宇宙中的生命"?

　　"宇宙中的生命"这一概念实际上包括了许多观点。长期以来,这些观点不断地考验着人类的想象力。这一概念包括了下面几层含义:首先,地球生命能够来到宇宙的外层空间;其次,地球生命(特别是人类)可以生活在太阳系或宇宙的其他地方;再次,人类可以在宇宙中搜寻外星生命。

　　自从远古时代以来,人类就一直在思考上述问题。但是直到最近,人类才在这些领域内取得了巨大的进步。具体地说:20世纪50年代,人类开始向太空中发射火箭和卫星;20世纪60年代,人类开始将宇航员送入太空并使宇航员平安地返回地球；20世纪70年代，人类开始让宇航员在太空中连续逗留几星期、几个月甚至几年；20世纪80年代，人类开始了搜寻外星生命的重要科学研究；20世纪90年代，天文学家们已经发现了数百颗围绕太阳以外的其他恒星运转的行星。

▶ "人类目前已经了解"的生命形式具有哪些特征？

虽然天文学家们一直在地球以外寻找生命，但是，迄今为止，地球生物学家仍然没有对地球生命的构成方式给出确定的答案。目前，人们普遍认为，生物体的演变要经历下述几个阶段：首先，它开始了自己的生命存在；其次，它会随着

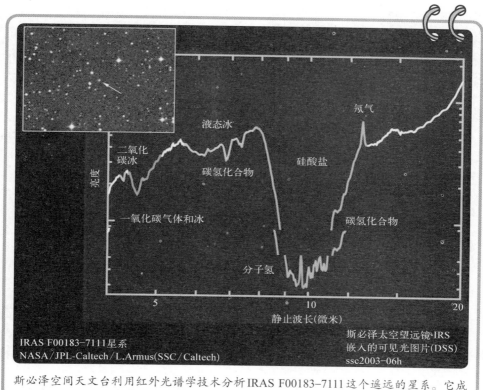

斯必泽空间天文台利用红外光谱学技术分析IRAS F00183-7111这个遥远的星系。它成功地在这个星系中探测到水和有机化合物（美国国家航空航天局/美国宇航局喷气推进实验室-加州工学院/L. Armus, H. Kline, 数字巡天探测中心）。

时间的流逝不断成熟；再次，它会经过某种有规律的过程复制自己；最后，它会结束自己的存在。上述过程就是通常所说的"从出生到成长、再生、消亡"的过程。在地球上，生命体内部的巨型分子结构，如核糖核酸和脱氧核糖核酸，会发生复杂的相互作用，从而保证生命体一步一步地发生演变。一些地球物质虽然经历了上述演变过程的全部4个阶段，但是根据定义生命体的不同方法，它们有时被当作生命体，有时不被当作生命体，例如，某些病毒。

▶ **当天文学家们搜寻外星生命时，他们主要寻找哪些信息？**

人类目前掌握的科学技术还无法帮助人们在地球以外找到单个的生命体。所以，当天文学家们搜寻外星生命时，他们的主要研究目标是那些有可能存在生命形式的星球的生态系统。根据我们目前掌握的知识，生命的存在离不开3个基本条件，它们分别是：液态水、能够连续提供适宜的热量的热源和由碳、氮、硫和磷构成的基本化学成分（液态水本身可以提供氢和氧）。如果地球以外的任何地方具备了上述基本条件，那里就应该存在生命。同样的道理，如果宇宙中的

▸ **为了在其他行星上找到生命，我们需要对这些行星进行怎样的了解？**

在当代天文学的所有研究领域当中，对外部行星的研究不仅是最新的而且也是最有趣的。同时，"搜寻外星生命"近来已经成为正式科学研究领域内的项目，科学家们认为这一项目有可能实现它的研究目标。在过去的很长一段时间内，它一直被归类为科学幻想和科学猜想。当然，"搜寻外星生命"科学探索项目目前还处于起步阶段。为了找到这些外星生命，我们需要掌握更多的太空知识，而目前我们所掌握的只是一些科学猜想。不管怎样，这个科学探索项目使人们对天文学更感兴趣，并促使人们更多地了解天文知识。从某种意义上讲，在探索太空方面，那些我们尚未回答的问题也是我们最感兴趣的问题。

任何地方具备了上述基本条件,那里也应该存在生命。

▶ 为什么我们认为,只要在其他行星上发现了与地球环境相似的生态环境,我们就可以在那里找到生命?

对宇宙的研究,特别是对宇宙生命的研究,是建立在"哥白尼原则"这个重要假说的基础上。这个原则是以著名的波兰天文学家哥白尼的名字来命名的。哥白尼提出,假如自然界的规律适用于宇宙的每个角落,那么地球不可能是宇宙的中心。也就是说,地球也必须遵循自然界的规律。或者说,地球本身毫无任何特殊之处。这也意味着,如果由于地球上拥有某些物理特征而在地球上形成了生命,那么其他具备了这些特征的行星也有可能为生命的存在创造条件。现在关键的问题是在这些特征当中,哪些特征对于生命的存在是至关重要的。科学家们认为这些重要条件应该包括:液态水、合适的化学物质以及稳定的能量来源。目前,科学家们还无法确定哪些物理特征对于生命的存在是必不可少的。同时,他们也无法确定这些物理特征到底为哪些生命形式的存在创造了条件。如果地球生命的进化模式只是宇宙生命进化模式的一种,那意味着天文学家们根本无法发现那些存在于其他行星表面的生命形式。

▶ 我们如何将"哥白尼原则"应用于那些没有围绕恒星进行运转的外部行星?

科学家们发现外部行星的运行轨道非常奇特。例如,一些气体巨行星与恒星之间的距离要小于水星与太阳之间的距离。这说明行星往往会离开它们的形成轨道。这也意味着一些行星由于受到来自其他行星的引力,有可能会摆脱它所在的行星系统,这就好比在星际空间举行一场桌球比赛。当然,在过去的几十亿年中,太阳系中并没有出现上述现象。不过,根据"哥白尼原则",太阳系早晚有一天会经历上述变化。

如果上面提到的假说将来真的变成了现实,那么将有几十亿颗来势凶猛的行星不停地穿梭于宇宙的星际空间,这些行星均已摆脱了恒星的引力。如果其中的一些行星不仅拥有厚厚的地壳而且拥有一个地下海洋,那么产生于行星内核的潮汐和地热将会使地下海洋的温度升高,从而使这些行星的整个

这是一幅艺术家创作的图片。天文学家们已经在许多年轻的类似太阳的星系的周围发现了大量的水蒸气,图中的 NGC 1333–IRAS 4B 就是一个典型的例子。实际上,分布在这个星系周围的水资源足以将地球表面所有的海洋填满5次,而且还有剩余(美国国家航空航天局/美国宇航局喷气推进实验室–加州工学院/R. Hurt)。

生态系统到处分布着液态水资源,它们继续在星系中无阻挡地高速行进。将来,这样的行星有可能闯进太阳系吗?这种可能性微乎其微,但是我们绝不能说可能性为零。

▶ "伽利略号"宇宙飞船为了在遥远的太空中寻找生命,已经获得了哪些科学发现?

"伽利略号"在1990年12月对地球进行了近天体探测飞行。在此期间,科学家们利用"伽利略号"携带的实验设备和摄像机针对地球进行了一些科学实验。结果,"伽利略号"携带的探测设备探测到了生命的迹象。它们发现,在地球的大气层中包含大量的氧气和甲烷,这两种气体是极易发生化学反应的;其他行星反射回来的绿光覆盖了地球表面的绝大多数地区。此外，"伽利略号"携带的一个雷达探测器还在电磁光谱的窄波段范围内发现了大量的无线电波辐射。由于这些无线电信号特别有规律，所以它们不可能来自闪电、极光和其他自然能量爆发，它们一定是人类之间进行的无线电通信联系。未来的太空探测器将会利用"伽利略号"获得的科学数据在地球以外寻找生命。

▶ 人类发现了外部行星对他们寻找外星生命会产生怎样的影响？

自从人类在20世纪90年代发现了首批外部行星以来，他们已经累计在太阳系以外发现了数百颗行星。在上述天文探测过程中，天文学家们曾经多次发现，在某些外部行星系统中，有多颗行星围绕一颗恒星进行运转。这些发现彻底改变了科学家对外星生命的看法。一方面，既然这么多行星系统包含了不止一颗行星，那么在它们当中就一定存在与太阳系类似的行星系统，在这些行星系统中自然有可能存在生命。另一方面，既然目前我们发现的行星系统拥有这么多的种类，那么我们过去对支持生命存在的环境条件的判断也许过于片面。目前，天文学家们在寻找外星生命的过程中，不仅思路更加开阔，而且想法更有创意。过去，它们仅仅依靠太阳系的模式来判断其他行星是否拥有生命形式。

▶ 到目前为止，人类在某颗恒星周围的合适生态范围内发现过任何行星吗？

"合适生态范围"是指在这个范围内恒星的热量可以使行星表面的水资源保持液态。在绝大多数周围有外部行星绕飞的恒星的周围，都存在这种"合适生态范围"。然而，人类发现的外部行星都不在恒星周围的"合适生态范围"内。不过，在2007年11月，人类在"巨蟹55"这颗恒星的周围发现了一颗行星，这颗行星看上去好像位于"合适生态范围"内。几乎可以肯定的是，这颗行星是一颗气体巨行星，而不是一颗类地行星。它的质量最小大约相当于海王星的两倍。但是，和太阳系中绝大多数的气体巨行星一样，在这颗行星的周围也分布着许多卫星，这些卫星通常拥有富含岩石和金属的地壳和地幔。此外，如果这些卫星真的存在，那么它们一定拥有液态水资源。只要恒星提供的热量和光线适度，这些卫星就可以为生命的存在创造条件。

▶ **为了在其他行星上找到生命，我们需要对这些行星进行怎样的了解？**

在当代天文学的所有研究领域当中，对外部行星的研究是最有趣的。同时，"搜寻外星生命"近来已经成为正式科学研究领域内的项目，科学家们认为这一项目有可能实现它的研究目标。在过去，它一直被归类为科学幻想。当然，搜寻外部行星并在那里寻找外星生命的计划目前还处于起步阶段。为了找到这些外星生命，科学家们正在努力研究新的方法。不管怎样，这个科学探索项目使人们对天文学更感兴趣，并促使人们更多地了解天文知识。从某种意义上讲，在探索太空方面，那些我们尚未回答的问题也是我们最感兴趣的问题。